Adaptive Regelungssysteme

Adaptive Regelungssysteme I

Allgemeine Struktur und Erkennungsmethoden

von Wolfgang Weber, Universität Karlsruhe

Mit 53 Abbildungen

Akademie-Verlag · Berlin

Erschienen im Akademie-Verlag GmbH, 108 Berlin, Leipziger Straße 3—4
Von R. Oldenbourg, München, genehmigte Lizenzausgabe

Lizenznummer: 202 · 100/434/71
Gesamtherstellung: VEB Druckhaus „Maxim Gorki", 74 Altenburg
Bestellnummer: 761 408 5 ES 20 H 1/20 K 2/20 K 3

Inhalt

Anhang

Vorwort

In wachsendem Maße kommt der Regelungstechniker mit zu regelnden oder zu steuernden Systemen in Berührung, deren Eigenschaften starken zeitlichen Schwankungen unterworfen sind. In manchen Fällen lassen sich solche Systeme mit fest eingestellten Reglern beherrschen. Häufig ist man jedoch aus Gründen der Regelgüte oder auch nur der Gewährleistung der Stabilität gezwungen, den Regler den zeitvarianten Eigenschaften der Strecke anzupassen, also ein adaptives oder selbsteinstellendes Regelungssystem aufzubauen.

Die Regelungstechnik hat eine ganze Reihe von Methoden entwickelt sowie Prinzipien und Begriffe formuliert, mit Hilfe derer die außerordentliche Mannigfaltigkeit der Problemstellungen bearbeitet werden kann.

Das Fehlen einer geschlossenen Theorie der adaptiven Regelungstechnik hat jedoch dazu geführt, daß das Schrifttum zu diesem Gebiet fast ausschließlich auf sehr zahlreiche Einzelarbeiten verstreut ist und daß man einen Mangel an zusammenfassenden Darstellungen feststellen muß.

Mit dem hier vorliegenden Bändchen „Adaptive Regelungssysteme I" und einem Folgebändchen „Adaptive Regelungssysteme II" wird der Versuch unternommen, eine einführende systematische Darstellung des Gebiets der adaptiven Regelungssysteme zu geben, in die die verschiedenen Methoden sinnvoll eingeordnet werden können.

Der Stoff des hier vorliegenden Teils ist dabei in der folgenden Weise gegliedert.

Im ersten Abschnitt wird die allgemeine Struktur eines adaptiven Regelungssystems, seine Charakterisierung durch verschiedene Grundfunktionen, behandelt. Ferner enthält der erste Abschnitt eine Sammlung von typischen Beispielen für zeitvariante Regelstrecken.

Der zweite Abschnitt ist der Grundfunktion der „Prozeßerkennung" gewidmet. Hier wird die Frage erörtert, mit welchen Methoden sich bei einem adaptiven Regelungssystem die zeitvarianten Eigenschaften der Regelstrecke identifizieren lassen. Es wird ein Begriffssystem angegeben, das eine Klassifikation der Erkennungsverfahren ermöglicht. Eine detaillierte Untersuchung der Anwendbarkeit einiger vom praktischen Standpunkt interessanter Verfahren ist hierin eingeschlossen.

Beiden Teilbändchen wurde abschließend eine Sammlung chronologisch geordneter weiterführender Schrifttumshinweise beigefügt. Das zweite Teilbändchen „Adaptive Regelungssysteme II" ist den Entscheidungsprozessen und der Darstellung von Anwendungsbeispielen gewidmet. Dort wird beschrieben, wie die Ergebnisse der Prozeßerkennung in geeignete Anpassungsmaßnahmen der Reglereigenschaften umgesetzt werden. Den Abschluß des zweiten Teils bildet schließlich nach der Darstellung einer Reihe von Anwendungsbeispielen ein Abschnitt über die Grenzen adaptiver Methoden in der Regelungstechnik.

Mai 1969 Wolfgang Weber, Karlsruhe

1. Definition und Struktur adaptiver Regelungssysteme

1.1 Definition eines adaptiven Regelungssystems

Zum Entwurf einer Regelung im üblichen Sinne benötigt man bei der Ermittlung der Eigenschaften des Reglers die Kenntnis der Struktur und der Parameter der Regelstrecke. Unter „Struktur" sei die Form der mathematischen Beschreibung des Zusammenhangs zwischen Eingangs- und Ausgangsgröße verstanden, also z. B. die Form der diese Größen verknüpfenden Differentialgleichungen. Die „Parameter" der Strecke sind z. B. die Verstärkungsfaktoren, Zeitkonstanten, Dämpfungswerte, die die Einzelteile der Strecke aufweisen. Sind Struktur und Parameter des zu regelnden Prozesses bekannt, so wird hiernach der Regler in Struktur und Parametern so gewählt, daß die vorgegebenen Anforderungen an die Regelung erfüllt werden. Der mit festen Parameterwerten realisierte Regler wird dann bei konstanten Streckeneigenschaften seine Aufgaben befriedigend versehen.
Dies wird jedoch nicht mehr der Fall sein, wenn die Streckeneigenschaften starken Schwankungen unterworfen sind. Am häufigsten tritt der Fall auf, daß zwar die Struktur der Strecke erhalten bleibt, aber die Streckenparameter zeitlich veränderlich sind. Man trifft ein derartiges Verhalten z. B. bei Flugregelungen an, bei denen sich Streckenparameter etwa mit Geschwindigkeit und Höhe stark verändern, oder bei Triebwerksregelungen, deren Streckeneigenschaften mit dem barometrischen Druck, der Fluggeschwindigkeit und der relativen Luftfeuchtigkeit schwanken. Andere Beispiele findet man bei Mischungsregelungen mit vom Durchfluß abhängigen Zeitkonstanten, bei geregelten Lastaufzügen, deren Zeitverhalten lastabhängig ist, aber auch etwa bei Konzentrations-, Druck- und Mengenregelungen von Mischgasnetzen, bei denen Verstärkungsfaktoren stark mit den Mengen schwanken. Einer der folgenden Abschnitte soll eine Zusammenstellung von Beispielen für solche stark zeitvarianten Strecken bringen.
Stets sind in solchen Fällen also ein oder mehrere Parameter der Regelstrecke in nicht vorhersagbarer Weise zeitabhängig. Sind die Veränderungen nicht sehr groß, so wird man mit Hilfe von Empfindlichkeitsbetrachtungen meist einen unempfindlichen Regler mit festen Parametern finden können. Angaben hierzu findet man bei HOROWITZ [1.1] und in vielen anderen Publikationen über Empfindlichkeitsanalyse, etwa im Lehrbuch von TOMOVIC [1.2]. Auch für Systeme mit stark schwankenden Parametern lassen sich in Einzelfällen feste und unempfindliche Reglereinstellungen finden. Ein Beispiel bringt die Arbeit [1.3]. Im allgemeinen wird es jedoch bei starken Veränderungen nötig sein, den veränderlichen Zustand der Strecke durch Mes-

sung zu erfassen und dem Regler anzupassen, um für alle möglichen Streckenzustände ein günstiges Regelkreisverhalten zu erreichen. Zum Beispiel kann eine derartige Anpassung dadurch möglich sein, daß man bei steigendem Verstärkungsgrad der Strecke den Verstärkungsgrad des Reglers senkt, um Instabilitäten zu vermeiden. Einen sich derart anpassenden Regler nennt man *adaptiv* oder *selbsteinstellend.*

(1.1) Unter einem *adaptiven Regelungssystem* möge im folgenden ein solches verstanden werden, bei dem sich bestimmte Eigenschaften des Systems (zumeist Struktur oder Parameter der Strecke) oder seiner Eingangssignale *in nicht vorhersagbarer Weise* ändern und sich andere, gezielt beeinflußbare Systemeigenschaften (zumeist Eigenschaften des Reglers, also z. B. dessen Struktur und Parameter) selbsttätig darauf einstellen, so daß ein gewünschter Systemzustand erhalten bleibt.

Zu den adaptiven Regelungssystemen zählen damit auch solche, bei denen sich der Regler auf bestimmte Arten von Eingangssignalen selbsttätig einstellt. Für derartige Systeme ist der Begriff „signaladaptiv" eingeführt worden.

Die folgenden Ausführungen werden sich vorzugsweise den adaptiven Regelungssystemen zuwenden, bei denen Parameter der Regelstrecke schwanken und sich Parameter des Reglers selbsttätig verstellen. Für die in (1.1) ausgesprochene Definition, die, wie spätere Ausführungen zeigen werden, keineswegs generell so üblich ist, ist es wichtig, daß die Systemeigenschaften *in nicht vorhersagbarer Weise* schwanken. Handelt es sich nämlich um Schwankungen, deren zeitlicher Ablauf bekannt ist, so kann die Veränderlichkeit des Reglers diesem fest einprogrammiert vorgegeben werden, so daß zwischen Systemveränderlichkeit und Reglereinstellung kein geschlossener Wirkungszusammenhang im Sinne einer Rückführung mehr besteht, wie er durch die Definition in (1.1) gefordert wird. Für derartige Systeme wurde der Begriff „adaptabel" (angelsächsisch „adaptable") vorgeschlagen.

Die große Fülle von Veröffentlichungen über adaptive Regelungssysteme, von denen hier nur die beiden Lehrbücher von Mishkin und Braun [1.4] und Gibson [1.5] hervorgehoben werden sollen, die auch heute noch Standardwerke sind, darf nicht darüber hinwegtäuschen, daß sich das Gebiet der adaptiven Regelungstechnik keineswegs in einem einheitlichen Licht zeigt. Vielmehr stellt es, so große praktische Bedeutung es in vielen Techniken besitzt, bisher nur ein facettenartiges, kaleidoskopförmiges Gebilde aus vielen Einzelideen dar, für die es bisher keine geschlossene mathematische Theorie gibt. Wenn man sich die Mannigfaltigkeit und Divergenz der Einzelerscheinungen vor Augen hält, ist eine solche Theorie auch wenig wahrscheinlich, jedenfalls dann, wenn man von ihr fordert, daß sie praktische Konsequenzen für die Synthese adaptiver Systeme haben soll. Was man beim gegenwärtigen Stand der Dinge erwarten kann, ist lediglich ein allgemeines Begriffsgerüst, in dem sich die bisher bekannten Einzelheiten in vernünftiger Weise einordnen lassen.

1.2 Grundfunktionen bei einem adaptiven Regelungssystem

Der Ausgangspunkt für eine solche Systematisierung besteht darin, bei einem adaptiven Regelungssystem gewisse Grundmerkmale begrifflich voneinander zu trennen, die sich aus der Definition des adaptiven Systems ergeben und die jedes derartige System aufweist (Bild 1/1).

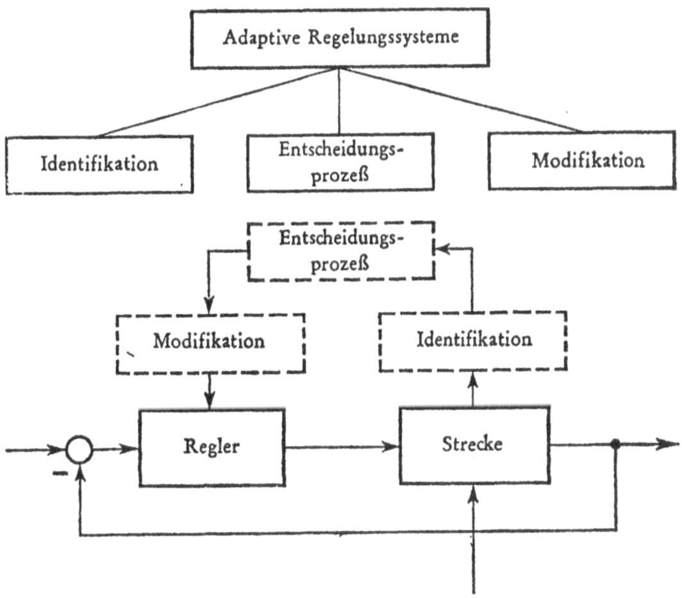

Bild 1/1
Grundfunktionen eines adaptiven Regelungssystems

Dies sind

1. Die **Identifikation** (identification) oder **Erkennung**, durch die der zeitvariable Zustand des Systems fortlaufend erfaßt wird.
2. Der **Entscheidungsprozeß** (decision), in dem die durch die Identifikation gewonnene Information über den realen Zustand des Systems mit einem erwünschten idealen Zustand verglichen und entschieden wird, welche Maßnahmen angebracht sind, um sich auf den idealen Zustand hinzubewegen.
3. Die **Modifikation** (modification, actuation) des Reglers, der sich aufgrund des Entscheidungsprozesses in vorgeschriebener Weise ändern muß.

Diese Abgrenzung muß im Einzelfall nicht immer eindeutig sein. Jedoch ist bei vielen adaptiven Systemen nicht nur eine begriffliche Trennung dieser drei Grundfunktionen möglich, sondern kann sogar deren Lokalisierung auf bestimmte Gerätegruppen einer Anlage vorgenommen werden. Die drei Grundfunktionen werden an späterer Stelle eingehend betrachtet.

1.3 Randbemerkungen zur Definition von adaptiven Regelungssystemen

Der Versuch, den Begriff „Adaption" exakter als bei der im vorigen Abschnitt vorgenommenen pragmatischen Definition zu fassen, hat zu einer Anzahl von verschiedenen Definitionen geführt, die nicht miteinander zur Deckung gebracht werden können. So stellt etwa TRUXAL in [1.4] fest, daß sich der Begriff eines adaptiven Regelungssystems einer exakten Definition entziehe, soweit man darunter ein solches verstehe, bei dem die Auswirkungen von Systemschwankungen gemindert werden sollen. Eine solche Minderung könne man nämlich bei einem einfachen Regelkreis feststellen, bei dem ja etwaige Schwankungen der Streckenverstärkung durch die Rückkopplung für den Gesamtkreis stark gemindert auftreten. Er kommt so resignierend zu der Definition: Ein adaptives System ist jedes physikalische System, das unter einem adaptiven Gesichtspunkt entworfen wurde.
Bei ŻYPKIN [1.6] dagegen findet man zum Begriff der Adaption: „Unter Adaption verstehen wir den Prozeß der Veränderung von Parametern oder wenn möglich auch der steuernden Einwirkung aufgrund von Informationen, die während der Steuerung erworben wurden, mit dem Ziel, bei einer gewissen Anfangsunbestimmtheit und sich ändernden Arbeitsbedingungen einen bestimmten, gewöhnlich optimalen Systemzustand zu erreichen".
Andere Autoren, besonders im sowjetischen Schrifttum, beschränken die Bedeutung des Wortes „adaptiv" von vornherein auf selbstoptimierende Systeme, bei denen ein Güteindex zu einem Extremwert gebracht werden und jeweils auf seinem Extremum gehalten werden muß [1.6, 1.7].
Die vorliegende Abhandlung wird von der in (1.1) gewählten Definition ausgehen, die die selbstoptimierenden Regelungssysteme mit umfaßt.
Es sei bemerkt, daß der Begriff Adaption in der Nachrichtenverarbeitung im Zusammenhang mit adaptiven Lernprozessen auftaucht. Auch hier wird er im Sinne von Veränderungen von bestimmten Reaktionseigenschaften eines Systems gebraucht.
So stellt etwa die *Lernmatrix* nach K. STEINBUCH [1.8] in ihrer einfachsten Form als binärer Lernmatrix einen adaptiven binären Zuordner dar.
Bei ZYPKIN [1.6] findet man die Definition: „Unter Lernen verstehen wir bei einem System die Erarbeitung von bestimmten Reaktionseigenschaften auf mehrfach wiederholte äußere Einwirkungen und äußere Korrekturen hin."
Aus dieser Definition wird ersichtlich, daß der Begriff des *Lernens* im Sinne eines adaptiven Lernprozesses eine Verallgemeinerung des Begriffes der Adaption in der Regelungstechnik darstellt. Bei einem adaptiven Lernprozeß wird nicht unbedingt vorausgesetzt, daß die Zusammenhänge

zwischen Eingangs- und Ausgangsinformationen des Systems bekannt oder gar in Form eines mathematischen Ausdrucks beschreibbar sind, wie bei einem Übertragungsglied der Regelungstechnik im allgemeinen vorausgesetzt werden kann. Bei den adaptiven Regelungssystemen stellt die intensive Nutzung gerade dieser Kenntnisse aber ein wichtiges Charakteristikum dar.

1.4 Elementares Beispiel für eine adaptive Regelung

Um die in Abschnitt 1.2 eingeführten Begriffe zu veranschaulichen, sei an dieser Stelle ein Beispiel für ein sehr einfaches adaptives Regelungssystem besprochen. Es sei ein nicht adaptiver Regelkreis mit der von der komplexen Variablen s abhängigen Streckenübertragungsfunktion $KG(s)$ und der Reglerübertragungsfunktion $K_R G_R(s)$ gemäß Bild 1/2 betrachtet. Diese Form

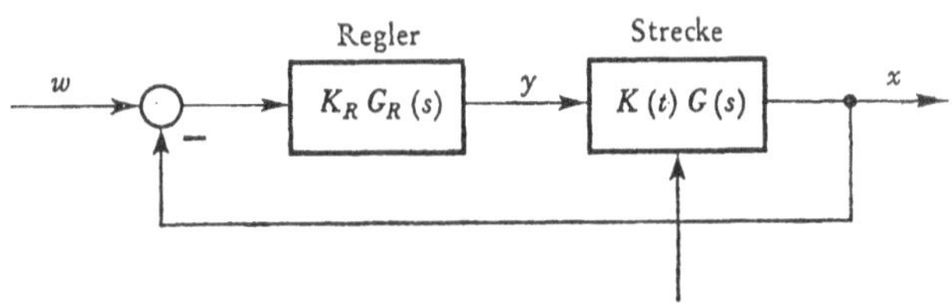

Bild 1/2
Konventioneller Regelkreis

des einschleifigen Regelkreises mit schwankenden Eigenschaften der Regelstrecke wird im folgenden immer wieder als Ausgangspunkt der Betrachtungen auftauchen. Die Streckenveränderlichkeit wird durch einen Pfeil charakterisiert, der in den Block hineinführt und die Beeinflussung durch die Umweltbedingungen andeuten soll.

Der Streckenverstärkungsfaktor K möge quasistationär in nicht bekannter Weise zeitlich schwanken. Für einen gewissen Wertebereich wird diese Schwankung das Zeitverhalten des Kreises noch nicht in unerlaubter Weise verändern. Wird aber dieser Wertebereich von $K = K(t)$ überschritten, so daß der Regelkreis nicht mehr in erwünschter Weise funktioniert, so kann mit einem adaptiven Regler Abhilfe geschaffen werden, der bewirkt, daß der Vorwärtszweig des Regelkreises stets die Verstärkung $V_0 = K_0 K_R$ besitzt, wobei K_0 ein fester vorgegebener Wert sein soll. Dies ist im Bild 1/3 gezeigt. Hier ist der Regelkreis von Bild 1/2 durch einen Adaptionszusatz erweitert. Die Stellgröße y wird nicht nur der Strecke, sondern auch einem „Idealmodell" der Strecke mit der Übertragungsfunktion $K_0 G(s)$ zugeführt. Hätte die Strecke diese Übertragungsfunktion, so wäre der Idealzustand des Systems, nämlich $V_0 \doteq K_0 K_R$, gewährleistet.

Die Ausgänge x und x_1 von Strecke und Modell werden auf eine Dividierschaltung gegeben, die den Quotienten $\frac{x_1}{x}$ bildet. Nun ist aber

$$\frac{x_1}{x} = \frac{K_0 G(s) y}{K G(s) y} = \frac{K_0}{K}. \tag{1.2}$$

Im Vorwärtszweig fehlt aber zur Erreichung des erwünschten V_0 gerade der Verstärkungsfaktor $\frac{K_0}{K}$: Daher kann der Ausgang der Divisionsschaltung

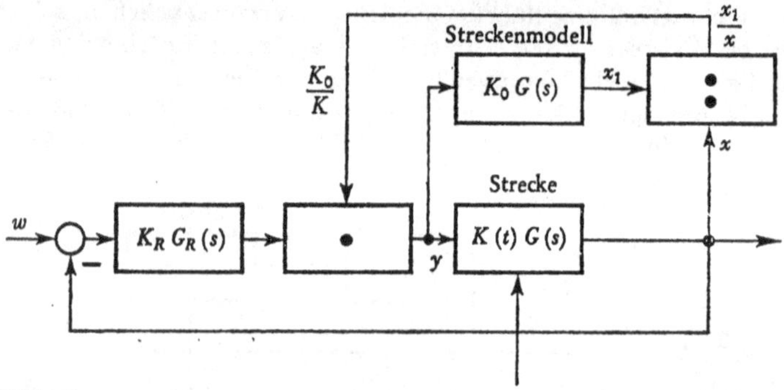

Bild 1/3
Adaptives Regelungssystem mit variabler Streckenverstärkung

direkt zur Modifikation des Reglers über einen Multiplikator benutzt werden. Der adaptive Regler besteht aus dem zeitlich nicht veränderlichen Teil $K_R G_R(s)$ und dem genannten Multiplikator, so daß die Gesamtverstärkung des Reglers durch $K_R \frac{K_0}{K}$ bestimmt ist. Der Vorwärtszweig des Regelkreises hat somit, wie gefordert, die Gesamtverstärkung $K_R K_0 = V_0$, das Schwanken der Streckenverstärkung $K(t)$ wird durch die Adaption des Reglers ausgeglichen.

Die Identifikation wird hier durch den Vergleich von Streckenausgang x und Modellausgang x_1 bewirkt. Sie besteht also in der Erfassung von x und der Bildung von x_1 durch das Idealmodell. Zum *Entscheidungsprozeß* zählt die Division von x_1 durch x sowie die Kenntnis, daß sich hieraus gemäß (1.2) der erforderliche variable Reglerverstärkungsfaktor gewinnen läßt. Teil des Entscheidungsprozesses ist außerdem die gestellte Forderung nach dem konstanten Vorwärtsverstärkungsfaktor $V_0 = K_0 \cdot K_R$. Die *Modifikation* wird durch einen Multiplikator realisiert.

Bei dem behandelten Beispiel wurden sehr große Kenntnisse über die Veränderlichkeit der Regelstrecke und über ihre Struktur vorausgesetzt. Es

wurde angenommen, daß ihre Struktur vollständig bekannt ist, wodurch erst der Aufbau des Modells für die Identifikation ermöglicht wird, und daß nur ihre stationäre Verstärkung variabel ist, wodurch der Entscheidungsprozeß und die Modifikation des Reglers besonders einfach werden.
Es ist einzusehen, daß der Aufwand eines adaptiven Systems erheblich anwächst, wenn derart einfache Voraussetzungen nicht gegeben sind, wenn z. B. Zeitkonstanten der Strecke zeitlich schwanken oder gar, wenn die Struktur der Strecke unbekannt ist.
In späteren Abschnitten wird eine Reihe weiterer adaptiver Regelungssysteme behandelt. Der vorliegende Abschnitt sei daher auf das eben besprochene Beispiel beschränkt, mit dem zunächst nur die abstrakten Begriffe Identifikation, Entscheidungsprozeß, Modifikation und Adaption mit einer gewissen Anschauung erfüllt werden sollten und mit Hilfe dessen man sich eine Vorstellung über das konkrete Aussehen der im Bild 1/1 angegebenen Struktur machen kann.
Um ferner auch gewisse Vorstellungen über konkrete Regelungsprobleme mit zeitlich varianten Streckeneigenschaften zu vermitteln und so die Notwendigkeit adaptiver Regelungen zu zeigen, sei als Abschluß dieses einleitenden Abschnitts eine Anzahl derartiger Regelstrecken aufgezählt.

1.5 Zeitvariante Regelstrecken

Die ersten systematischen Untersuchungen zur adaptiven Regelungstechnik dürften etwa Anfang der 1950er Jahre auf dem Gebiet der Flugregelung entstanden sein. Hier traten zum ersten Mal Regelstrecken mit stark schwankenden Betriebseigenschaften in Erscheinung, die den Einsatz adaptiver Regler erforderlich machten. Auch heute stellen Publikationen aus diesem Teilgebiet noch einen großen Anteil des Schrifttums über adaptive Regelungssysteme. Die in diesem Abschnitt aufgeführte Zusammenstellung soll daher mit Beispielen aus diesem Gebiet begonnen werden. Es folgen weitere Anwendungen aus der elektrischen Antriebstechnik sowie der chemischen und mechanischen Verfahrenstechnik.

1.5.1 Fluglagenregelung

Moderne lagegeregelte Hochleistungsflugzeuge besitzen Regelkreise für den Kurswinkel ψ, den Nickwinkel ϑ und den Rollwinkel φ.
Für den Nickwinkelregelkreis etwa läßt sich näherungsweise die im Bild 1/4 gezeigte Struktur angeben. Die Übertragungsfunktion zwischen Ruderwinkel δ und Nickwinkel ϑ wird durch die im Bild angegebene Funktion 3. Ordnung beschrieben, das elektrohydraulische Stellsystem, das den Ruderwinkelausschlag bewirkt, durch ein einfaches Verzögerungsglied. Die Erfassung von ϑ erfolgt über einen Lagekreisel.

Mit Hilfe einer weiteren Näherung, bei der nur dominante Pole berücksichtigt werden, läßt sich die Übertragungsfunktion des geschlossenen Nickregelkreises mit

$$\frac{\vartheta(s)}{\vartheta_{soll}(s)} = \frac{K_a}{\frac{s^2}{\omega_n^2} + \frac{2d_n s}{\omega_n} + 1} \tag{1.3}$$

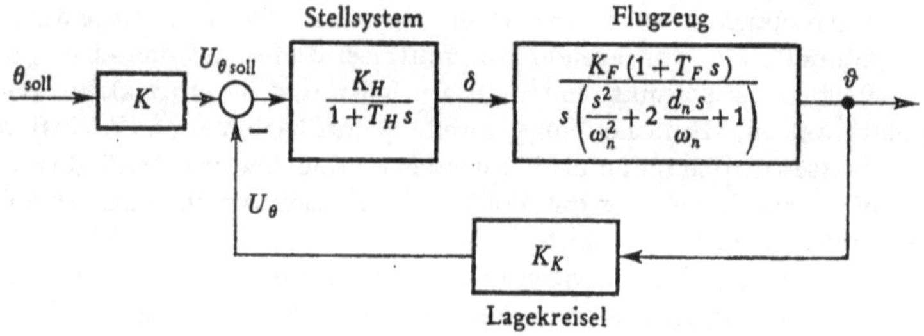

Bild 1/4

Regelungssystem für einen Flugzeugnickwinkel

angeben [1.9]. Die hierin auftretenden Parameter d_n, ω_n und K_a sind in starker Weise abhängig von der Machzahl M und der Flughöhe h. Dies zeigt die Tabelle im Bild 1/5.

Machzahl M	Flughöhe h in Fuß	d_n	ω_n	K_a
0,25	0	0,56	0,75	3,78
0,5	0	0,61	1,5	7,75
0,7	0	0,7	2,1	9,6
0,8	0	0,71	2,45	9,2
0,9	0	0,61	3,75	12,1
1,0	0	0,54	5,05	13,25
1,2	0	0,38	7,7	23,2
0,5	35 000	0,38	0,65	6,75
0,8	35 000	0,45	1,05	10,0
1,0	35 000	0,32	2,06	12,3
1,2	35 000	0,21	3,36	20,2
1,5	35 000	0,17	3,94	23,0
2,0	35 000	0,14	4,42	29,8
3,0	35 000	0,1	5,33	28,8
2,0	70 000	1,1	1,91	30,0
3,0	70 000	0,06	1,82	0,05

Bild 1/5

Abhängigkeit von Regelkreisparametern einer Flugzeugnickwinkelregelung von Machzahl und Flughöhe

1.5.2 Lagebeeinflussung einer Rakete mit flüssigem Treibstoff

Es werde eine Flüssigkeitsrakete im schwerelosen Raum betrachtet, deren Lage durch Schwenken der Düse des Hauptantriebs geregelt werden soll. Im Bild 1/6 ist ein Schema der für die Regelstrecke wichtigen Größen angegeben, wobei die Betrachtungen auf eine Ebene beschränkt sind. Der zu regelnde Winkel ψ wird durch die Stellgröße α, also durch Drehen der am Punkt B angreifenden Antriebskraft P beeinflußt. Der Abstand zwischen B und dem Schwerpunkt S der Rakete ist als l_1 bezeichnet.

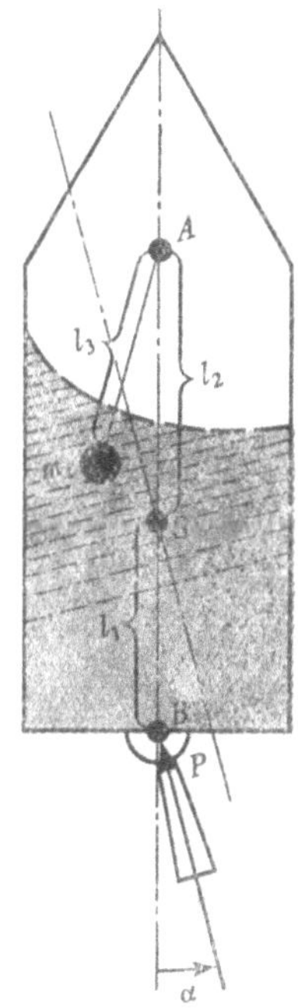

Bild 1/6
Prinzipskizze zur Lageregelung einer Flüssigkeitsrakete mit Treibstoffschwappen

Wesentlicher Bestandteil der Regelstrecke ist der flüssige Treibstoff, der durch die Beschleunigungen oder Drehbeschleunigungen zu Schwappbewegungen angeregt werden kann und damit einen erheblichen Einfluß auf die Dynamik des Systems ausübt. Wie in [1.10, 1.11] näher ausgeführt, läßt sich dieser Einfluß näherungsweise durch ein im Punkt A aufgehängtes, schwach gedämpftes Pendel mit der Treibstoffmasse m_1, dem Schwerpunktabstand l_2 und der von der Treibstoffmasse abhängigen Pendellänge l_3 erfassen. Für kleine Winkel läßt sich dann mit m als Raketenmasse, I als Trägheitsmoment, $\omega_0 = \sqrt{\frac{P}{(m_1 + m)\, l_3}}$ als Kreisfrequenz des Treibstoffschwappens und $2D\omega_0 s$ als Dämpfungsterm der Zusammenhang zwischen ψ und α durch die Übertragungsfunktion

$$(1.4)\qquad \frac{\psi(s)}{\alpha(s)} = \frac{l_1 P}{I}\,\frac{1}{s^2}\,\frac{\dfrac{P}{(m+m_1)\,l_3} + 2D\omega_0 s + s^2}{\dfrac{P}{(m+m_1)\,l_3}\left[1 + \dfrac{m_1}{I}\,(l_2^2 - l_2 l_3)\right] + 2D\omega_0 s + s^2}$$

beschreiben.

Mit zunehmender Brenndauer wird nun der zunächst vor dem Schwerpunkt S der Rakete liegende Schwerpunkt des Treibstoffes nach hinten verschoben und l_3 wächst an. Dadurch wird der Term $(l_2^2 - l_2 l_3)$ immer kleiner, bis er schließlich sogar negative Werte annimmt. Die Masse m_1 nimmt gleichzeitig ab. Ebenso ist ω_0 einer Veränderung unterworfen.

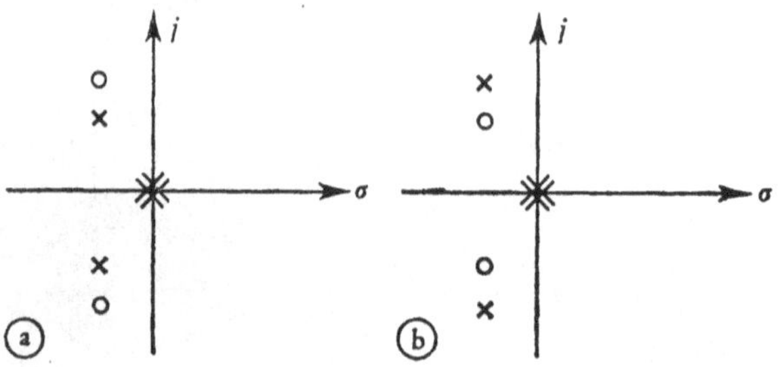

Bild 1/7
Lage der Pole und Nullstellen der Raketenregelung:
a) bei Brennbeginn, b) gegen Brennschluß

Bild 1/7 zeigt, wie sich dabei die Pole und Nullstellen der Übertragungsfunktion verhalten. Man erkennt, daß insbesondere die Pole sehr starke Verschiebungen erleiden.

1.5.3 Schwankungen des Schubs eines Strahltriebwerks

Bei der Aufgabe, den Schub eines Strahltriebwerks zu optimieren, bereiten starke betriebliche Schwankungen der Triebwerkseigenschaften Schwierigkeiten. Bild 1/8 zeigt das Blockschema eines Einstoff-Flüssigkeitstriebwerks. Eine von einer Turbine angetriebene Förderpumpe drückt über ein von der Regelung verstellbares Ventil und einen Zerstäuber den Treibstoff in die Brennkammer, wo er gezündet wird und über eine Lavaldüse austretend den Schub erzeugt.

Die Größe des Schubs kann durch die Fördermenge, also den Treibstoffverbrauch, beeinflußt werden, hängt aber noch von weiteren Einflußgrößen,

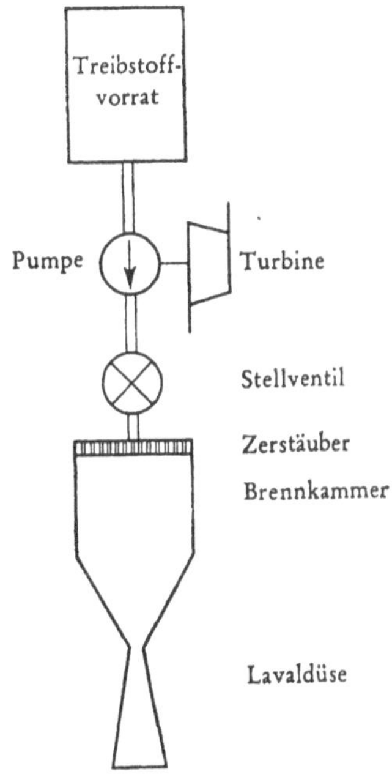

Bild 1/8
Blockschema eines Einstoff-Flüssigkeitstriebwerkes

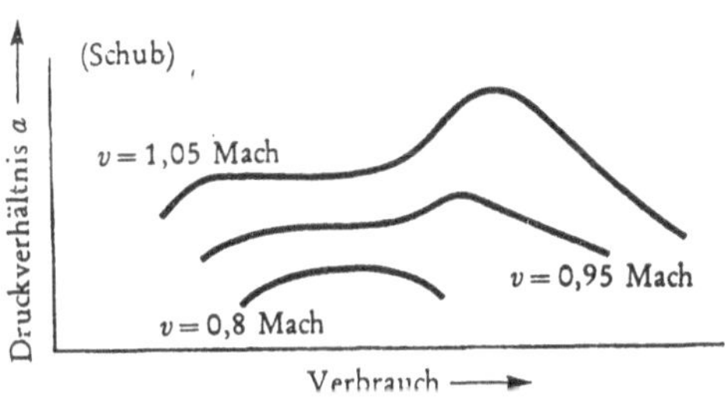

Bild 1/9
Zusammenhänge zwischen Schub, Verbrauch und Geschwindigkeit eines Strahltriebwerkes

so z. B. der Fluggeschwindigkeit v, ab. Ein Maß für den Schub ist das sogenannte Druckverhältnis a zwischen Pumpe und Brennkammer. Da in der Brennkammer selbst etwa Drücke von 50 atü herrschen, muß der Förderdruck entsprechend höher liegen. Je größer das Druckverhältnis ist, desto feiner wird der Treibstoff im Zerstäuber aufgelöst, desto höher ist der Schub. Der Zusammenhang zwischen Schub und Treibstoffverbrauch ist im Bild 1/9 für verschiedene Fluggeschwindigkeiten aufgetragen [1.5]. Die Form und Lage der Kurven hängt jedoch außerdem noch von Umgebungstemperatur, Feuchtigkeitsbedingungen und Betriebszustand des Triebwerkes ab, so daß bei einer Schubregelung eine stark variante Regelstrecke beherrscht werden muß.

1.5.4 Kursregelung eines Schiffes

Die Aufgabe, ein Schiff im Kurs zu regeln, erfordert die Regelung zweier Regelgrößen. Zum einen muß der Kurswinkel x_1 geregelt werden, zum anderen der Winkel x_2, den die Bahn des Schiffsschwerpunktes S mit einer Bezugsrichtung bildet. Beide Größen werden durch den Ruderausschlag y beeinflußt.

Bezeichnet man mit J das Trägheitsmoment und mit m die Masse des Schiffes um S, mit P die Kraft, die vom Antrieb des Schiffes erzeugt wird sowie mit v die Schiffsgeschwindigkeit, so kann man die Übertragungsfunktionen zwischen Stellgröße $Y(s)$ und Regelgrößen $X_1(s)$ bzw. $X_2(s)$ angeben durch

$$\frac{X_1(x)}{Y(s)} = \frac{c_1(c_4v^2 + P)\,v - c_3c_5v^3] + [mc_1v^2]s}{s\left\{[mc_3v^2 + c_2(c_4v^2 + P)] + \left[mc_2v + (c_4v^2 + P)\dfrac{J}{v}\right]s + [Jm]s^2\right\}},$$

(1.5)

$$\frac{X_2(s)}{Y(s)} = \frac{[c_1(c_4v^2 + P)\,v - c_3c_5v^3] - [c_2c_5v^2]\,s - Jc_5vs^2}{s\left\{[mc_3v^2 + c_2(c_4v^2 + P)] + \left[mc_2v + (c_4v^2 + P)\dfrac{J}{v}\right]s + [Jm]s^2\right\}}$$

[1.10, 1.12]. Hierin sind die Koeffizienten c_i von Form, Größe, Geschwindigkeit des Schiffes sowie vom spezifischen Gewicht des Mediums, in dem es sich bewegt, abhängige Parameter.

Man erkennt aus (1.5) deutlich die starke Abhängigkeit der Streckenparameter von der Geschwindigkeit v des Schiffes, aber auch von der Antriebskraft P. Insbesondere durch die Veränderlichkeit von v treten die im Zähler der Beziehungen (1.5) erkennbaren Allpaßanteile, die auf die Ruderseitenkraft zurückzuführen sind, mehr oder minder stark in Erscheinung. Ferner besitzen auch Masse und Trägheitsmoment des Schiffes Einfluß auf das Streckenübertragungsverhalten, das also in starker Weise zeitvariant ist.

1.5.5 Drehzahlregelung eines Gleichstrommotors im Feldschwächbereich

Das Drehmoment M eines Gleichstrommotors hängt mit dem Ankerstrom I_A und dem Fluß des Erregerfeldes ψ_f über die Beziehung

$$M = k\psi_f I_A \tag{1.6}$$

zusammen. Bei konstantem Fluß ψ_f stellt dieser Zusammenhang ein Proportionalglied im Vorwärtszweig einer Drehzahlregelung des Motors dar. Wird jedoch die Drehzahl auch mit Hilfe einer Feldschwächung, etwa in Form einer Regelung der EMK auf konstante Werte beeinflußt, so liegt ein multiplikatives Glied vor, das für die Drehzahlregelung eine betriebsmäßige Schwankung des Verstärkungsfaktors darstellt [1.13, 1.19] (Bild 1/10).

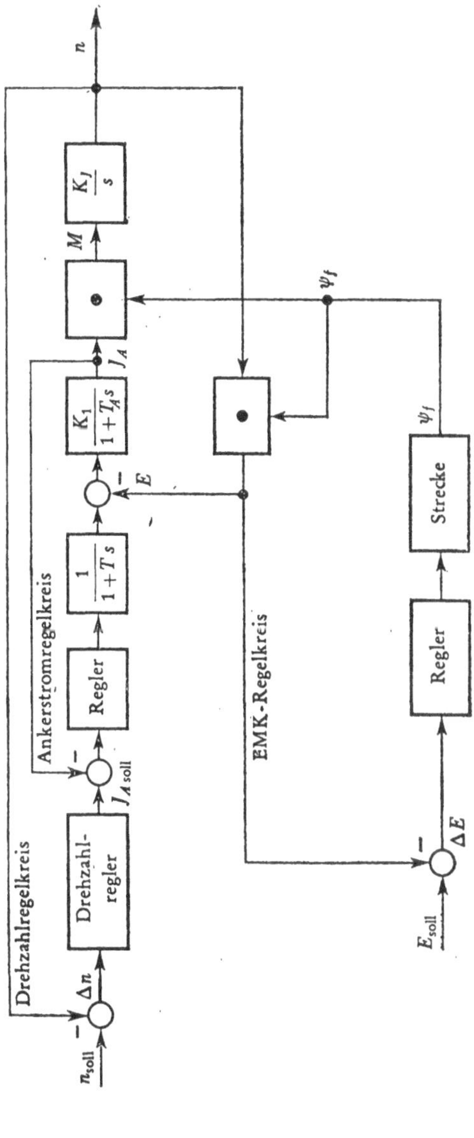

Bild 1/10
Prinzipielle Struktur einer Drehzahlregelung mit Feldschwächung

1.5.6 Schwankendes Reibungsmoment bei der Anstellungsregelung einer Blockstraße

In zunehmendem Maße werden bei der Automatisierung von Walzanlagen für die Regelung der Anstellung moderne schnelligkeitsoptimale Lösungen bevorzugt (Bild 1/11) [1.14]. Die optimalen Regler werden hierbei meist in Form von Kennliniengliedern eingesetzt. Das Reibungsmoment M_R, das dem Antrieb, der die Verstellung der Walze bewirkt, entgegenwirkt, ist aber stets starken betrieblichen Schwankungen unterworfen. Sie sind durch die Veränderungen des Schmierungsgrades der Getriebe bedingt, der sich

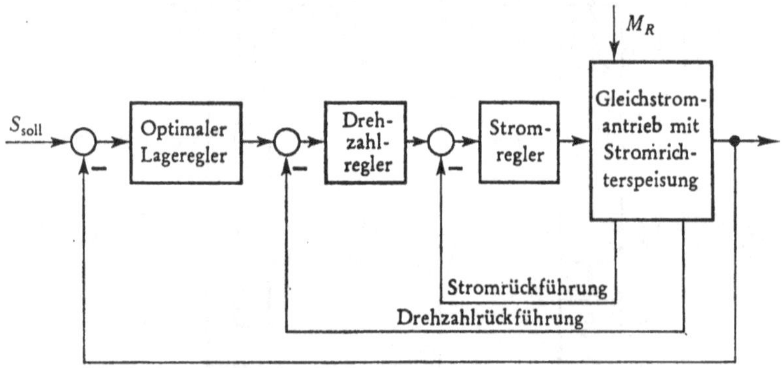

Bild 1/11
Prinzipielle Struktur der Lageregelung

insbesondere aufgrund thermischer Einflüsse verändert. Eine festeingestellte Reglerkennlinie gewährleistet nur dann ein optimales Verhalten, wenn zufällig gerade das Reibungsmoment vorhanden ist, für das der Regler bestimmt wurde. Die Schwankungen des Reibungsmomentes und damit der Streckeneigenschaften lassen einen adaptiven Regler als wünschenswert erscheinen.

Die Veränderlichkeit der Reibung wirkt sich als Schwankung der Streckenverstärkung aus. Der Zusammenhang zwischen M_R, der zulässigen Gitterspannung U_{Gi} der Ansteuerung des Generatorfeldes bzw. des Motorankers und der Ankerstromspitze $I_{A\max}$ des Antriebes wird durch den Ausdruck

$$M_R = k_1 U_{Gi} - k_2 I_{A\max} \tag{1.7}$$

beschrieben, der damit zur Identifikation benutzt werden kann [1.15].

1.5.7 Zeitvarianz einer Seilförderanlage

Ein Seilfördersystem mit einem über eine Treibscheibe angetriebenen Förderseil der Länge l und einem Förderkorb mit der Masse m stellt aufgrund der Seilelastizität ein schwach gedämpftes schwingungsfähiges Feder-Masse-System dar (Bild 1/12). Bezeichnet man mit $\Delta\alpha$ die Änderung des Drehwinkels an der Treibscheibe, mit $K\Delta\alpha$ die Längenänderung des von der Treib-

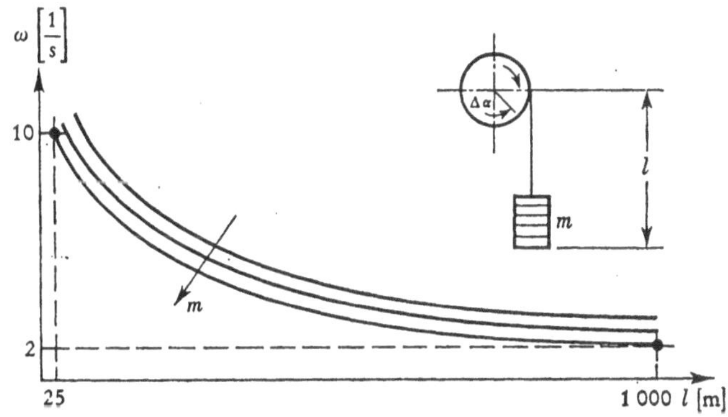

Bild 1/12

Abhängigkeit der Eigenkreisfrequenz eines Fördersystems von Seillänge und Masse

scheibe abgewickelten Seils und mit Δl die Änderung der Lage des Förderkorbes, so läßt sich mit A als Beiwert näherungsweise der Zusammenhang

$$A\,\Delta\ddot{l} + \Delta l = K\,\Delta\alpha \tag{1.8}$$

angeben [1.16]. Hierin ist $\frac{1}{A} = \omega^2$ die Eigenkreisfrequenz des praktisch ungedämpft schwingenden Systems. Sie hängt von L und von m nach dem Gesetz

$$\omega = \sqrt{\frac{K_1}{m\,L}} \tag{1.9}$$

mit K_1 als konstanter Größe ab. Die Näherung, die zu (1.8) führt, besteht darin, das System als ein einfaches System 2. Ordnung mit Feder und Masse anzusetzen, wobei die Dämpfung annähernd gleich 0 gesetzt wird. Bei Bergwerksförderanlagen kann die Seillänge etwa zwischen 25 und 1 000 m, das Gewicht des be- bzw. entladenen Förderkorbes zwischen 20 und 60 t schwanken. Die Kreisfrequenz ω ist also starken Schwankungen unterworfen, wie sie für ein konkretes Zahlenbeispiel im Bild 1/12 angegeben sind. Man sieht, daß für großes m die Größe ω zwischen 10 und 2 schwanken kann. Dies bedeutet für den Parameter A der Differentialgleichung der Regelstrecke eine Schwankung um den Faktor 25 [1.20].

1.5.8 Konzentrationsregelstrecke

Bei der Mischung zweier Gase mit zu regelndem Mischungsverhältnis werden die Einzelkomponenten zunächst in einen Mischbehälter geleitet. Über eine Rohrleitung wird das Gemisch einem Analysengerät zugeführt, in dem der Istwert der Konzentration bestimmt wird (Bild 1/13). Regelabweichungen beeinflussen dann die Zuflußmenge einer der Komponenten.

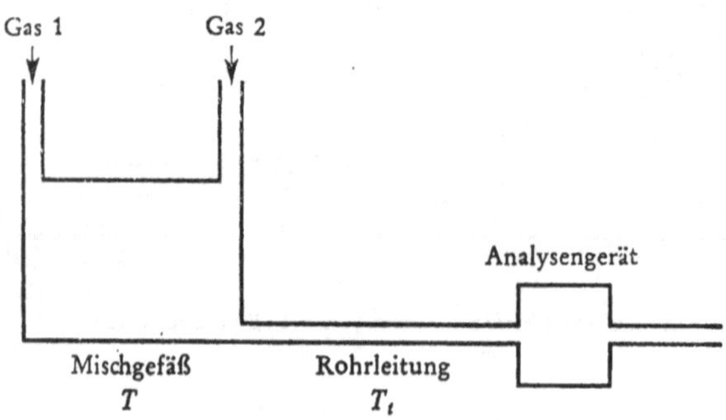

Bild 1/13
Konzentrationsregelstrecke

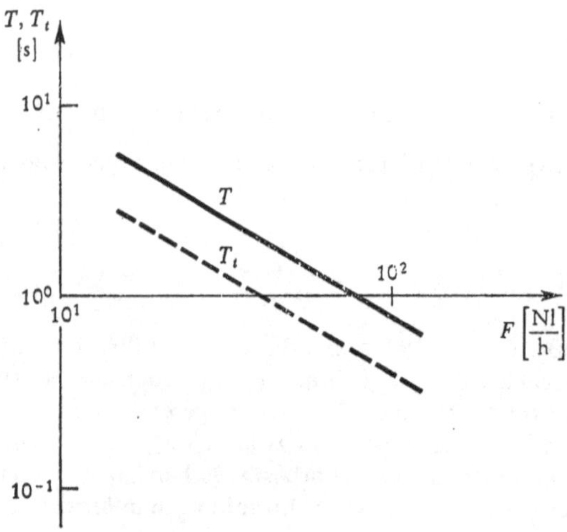

Bild 1/14
Abhängigkeit von Zeitkonstante und Totzeit einer Konzentrationsregelstrecke von der Durchflußmenge F

Näherungsweise läßt sich die Konzentrationsregelstrecke durch eine Verzögerung 1. Ordnung mit der Zeitkonstanten T für das Mischgefäß und einem Totzeitglied mit der Totzeit T_t für die Rohrleitung darstellen [1.17]. Sowohl T als auch T_t sind aber stark abhängig von der Durchflußmenge F. Diese Zusammenhänge sind im Bild 1/14 gezeigt.

1.5.9 Chemischer Reaktionsbehälter

Bei der Erzeugung von Hydrazo, einem Zwischenprodukt bei der Erzeugung von Dichlorbenzedin, das etwa zur Obstkonservierung dient, werden im Verlaufe eines mehrstündigen Chargenprozesses in einem Reaktionsbehälter die Reaktionen durch dosierte Zugabe von Natronlauge zu dem Behälterinhalt ausgelöst. Der Prozeß muß bei einer Temperatur von 80—82°C ablaufen und ist mit einer Temperaturregelung ausgestattet. Die Temperaturregelstrecke ist näherungsweise durch ein Totzeitglied mit der Totzeit T_t, ein Verzögerungsglied 2. Ordnung mit der Dämpfung d und der Verstärkung K zu beschreiben.

Im Verlauf der Charge sinkt der Verstärkungsfaktor K erheblich ab (auf etwa 1/20), während die Totzeit T_t von 2 min. auf 10 min. ansteigt. Beides ist aus dem Absinken der Reaktivität der Mischung mit zunehmender Umsetzung der Ausgangsstoffe zu erklären.

1.5.10 Mischgasnetz mit Wobbezahlregelung

Bei der Regelung des Heizwertes eines Mischgasnetzes muß das anfallende Hochofengichtgas durch Beimischung von höherwertigem Gas (Koks- oder Erdgas) aufgefrischt, d. h. im Heizwert verbessert werden. Eine speziell hierfür aufgebaute sogenannte Wobbezahlregelung beeinflußt die Sollwerte für die Mengenregelkreise von Koksgas und Erdgas. Solange das Koksgasnetz einen ausreichenden Druck aufweist, wird nur Koksgas in die Mischleitung eingespeist (Bild 1/15). Erst bei sinkendem Druck des Koksgasnetzes wird auch Erdgas hinzugezogen. Der Wobbezahlregelung ist also außer den beiden Gasmengenregelkreisen auch noch ein Regelkreis für den Druck des Koksgasnetzes unterlagert. Der Druckregler beeinflußt seinerseits die Mengenregelkreise. Bei sinkendem Koksgasdruck wird etwa die Koksgasdrosselklappe stärker geschlossen, so daß weniger Koksgas ins Mischgasnetz eingespeist wird, und das Erdgasventil wird weiter geöffnet.

Der Einfluß einer bestimmten Koksgasmengenänderung auf den Koksgasdruck ist aber nun um so größer, je größer der Gesamtwert des gerade in das Mischnetz eingespeisten Koksgases ist. Bei einer nur sehr kleinen eingespeisten Koksgasmenge hat eine Veränderung dieser Menge dagegen nur einen sehr geringen Einfluß auf den Koksgasdruck. Das Regelungssystem besitzt also einen erheblich schwankenden Verstärkungsfaktor.

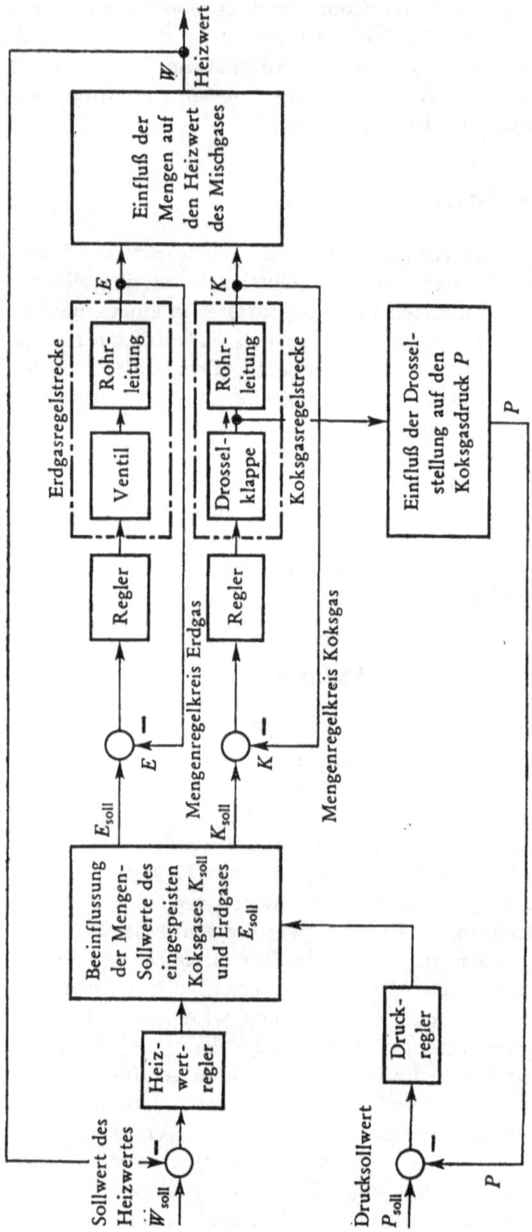

Bild 1/15

Blockschema einer Wobbezahlregelung (Heizwertregelung)

1.5.11 Stranggußanlage

Im Bild 1/16 ist das Prinzip einer Stranggußanlage gezeigt, bei der aus der Pfanne Stahl in den Verteiler, von diesem in die Kokillen abfließt. Die Kokillen sind gekühlt, so daß der abgezogene Stahlstrang eine feste Außenaut aufweist, während er innerhalb der Kokille noch flüssig ist. Wesentlich für die gute Funktion der Anlage ist eine Regelung der Füllstände von Kokillen und Verteiler. Sinkt das Niveau einer Kokille etwa unter den Sollwert ab,

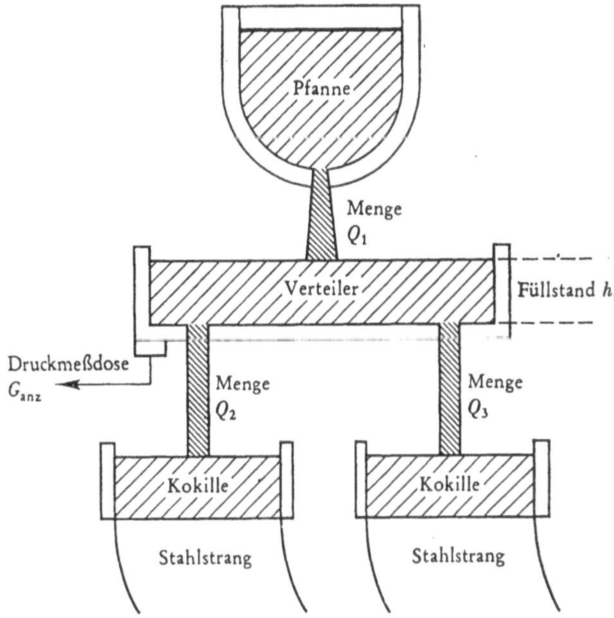

Bild 1/16
Prinzip einer Stranggußanlage

so wird dies mit Isotopenstrahlern meßtechnisch erfaßt, der nachgeschaltete Regelkreis beeinflußt die Stellung des Verschlußstopfens im Verteiler, so daß mehr Stahl nachfließen kann. Für diese Regelung ist aber der Füllstand des Verteilers Teil des stationären Verstärkungsfaktors. Bei einer bestimmten Stopfenstellung wird um so mehr Stahl abfließen, je höher der Verteiler gefüllt und je größer dadurch der ferrostatische Druck ist.

In gleicher Weise ist der Verstärkungsfaktor des Regelkreises für den Verteilerfüllzustand zeitvariant, da im Verlauf eines Stranggußprozesses der Füllstand der Pfanne ständig kleiner wird, bis der gesamte Stahl vergossen ist.

Literatur

[1.1] I. M. Horowitz: Plant Adaptive Systems vs. Ordinary Feedback Systems, IRE Trans. on Automatic Control 7 (1962), 1, S. 48–56

[1.2] R. Tomovic: Sensitivity analysis of dynamic systems, Verlag McGraw-Hill Book Comp., New York 1963

[1.3] I. M. Horowitz, J. A. Rolnik: Feedback Control System Synthesis for Plants with Large Parameter Variations, Preprints 2. IFAC-Symposium on "System Sensitivity and Adaptivity", (1968), Dubrovnik, Paper E 1

[1.4] E. Mishkin, L. Braun: (Hsg.) Adaptive Control Systems, Verlag McGraw-Hill Book Comp., New York, 1961

[1.5] J. E. Gibson: Nonlinear Automatic Control, Verlag McGraw-Hill Book Comp., New York 1963

[1.6] J. S. Zypkin: Adaption und Lernen in Automatischen Systemen, Verlag R. Oldenbourg, München, 1966

[1.7] A. A. Feldbaum: Rechengeräte in automatischen Systemen, Verlag R. Oldenbourg, München, 1962

[1.8] K. Steinbuch: (Hsg.) Taschenbuch der Nachrichtenverarbeitung, Springer-Verlag, Berlin, Göttingen, Heidelberg, 2. Auflage, 1967

[1.9] D. Bell: Stability analysis of an adaptive aircraft-control system, Control 11 (1967) S. 125–127, 178–181, 232–234

[1.10] W. Oppelt: Kleines Handbuch technischer Regelvorgänge, Verlag Chemie, Weinheim, 4. Auflage 1964

[1.11] R. O. Ferner, A. F. Schmitt: Navigation, guidance and control problems for aerospace vehicles, in C. T. Leondes: Computer Control Systems Technology, Verlag McGraw-Hill Book Comp., New York, 1961

[1.12] W. Kucharski: Zur Theorie des Steuervorganges bei Schiffen, Werft-Reederei-Hafen 13 (1932) S. 35–42

[1.13] D. Ströle: Typische Adaptivsteuerungen bei geregelten elektrischen Antrieben, Regelungstechnik 15 (1967), S. 106–111

[1.14] F. Haberstock: Entwurf und Realisierungsbedingungen schnelligkeitsoptimaler Lageregelungen, ETZ — A 88 (1967), S. 172–177

[1.15] D. Franke, P. Schiefer, W. Weber: Schnelligkeitsoptimale Regelung der Oberwalzeneinstellung einer Blockstraße, Regelungstechnik 17 (1969), 5, S. 197–204

[1.16] F. Haberstock, F. Kümmel: Verfahren und Sollwertgeber zur Sollwertvorgabe bei der Drehzahlregelung eines elektromotorischen Antriebs, Patentanmeldung 7. 6. 62, Licentia L 42 164 VIII b/21 c, 59/36

[1.17] W. Peinke: Adaptiv-Steuerung der Reglereinstellung mit einfachen Mitteln, Regelungstechnik 14 (1966), S. 274—277

[1.18] W. Weber: Adaptive Steuer- und Regelsysteme, VDI-Bildungswerk, Düsseldorf (1967), BW 818

[1.19] W. Weber: Regelungstechnische Begriffe, dargestellt am Beispiel eines Leonardsatzes, Antriebstechnik 4 (1965), S. 434—437

[1.20] W. Weber: Ein systematisches Verfahren zum Entwurf linearer und adaptiver Regelungssysteme, ETZ-A 88 (1967), S. 138—144

2. Erkennung (Identifikation)

Wie in Abschnitt 1 dargelegt wurde, kann ein adaptives System nur dann funktionieren, wenn die Veränderlichkeit des zu regelnden oder zu steuernden Prozesses ständig erfaßt wird. Das Gebiet der Identifikationsverfahren, die dies bewirken sollen, wurde in der Theorie adaptiver Verfahren bisher am stärksten beachtet. Es gibt eine Fülle verschiedener Erkennungsmethoden, die sich nach den unterschiedlichsten Gesichtspunkten klassifizieren lassen. Zum Beispiel kann man zwischen Verfahren unterscheiden, die die Erkennung durch ein Testsignal bewirken, das den eigentlichen Prozeß stört, und solchen, die keine derartigen Störungen des Prozesses bewirken. Man kann auch eine Unterscheidung zwischen verschiedenen Verfahren danach treffen, ob sie ohne eine apriori-Kenntnis des zu erkennenden Prozesses arbeiten (der Prozeß ist ein „schwarzer Kasten") oder mit einer gewissen a priori-Kenntnis, etwa der Kenntnis seiner Struktur (der Prozeß ist ein „grauer, halbdurchsichtiger Kasten"). Speziell die vorgeschlagenen Verfahren ohne a priori-Kenntnis sind häufig im konkreten Fall nicht anwendbar.
Im Bild 2/1 ist der Versuch unternommen worden, ein gewisses Begriffsschema für die vielfältigen Möglichkeiten der Prozeßerkennung anzugeben [2.2]. Eine Anzahl von Verfahren zur Identifikation wird im folgenden kurz beschrieben, um so gewisse Grundtypen der im Bild 2/1 begrifflich unterschiedenen Methoden zu charakterisieren.

2.1 Parameterermittlung bei bekannter Struktur

2.1.1 Direkte Messung von Parametern

Im allgemeinen gilt die Aussage, daß das Identifikationsproblem um so schwieriger wird, je geringere a priori-Kenntnis man von dem zu erfassenden Prozeß hat.
Ist dagegen etwa die Struktur bekannt und müssen nur gewisse Parameter erfaßt werden, so kann der Aufwand dazu sehr gering sein.
Am einfachsten ist der Fall, bei dem man solche Parameter direkt messen kann (Bild 2/1). Beispiele dafür sind Drücke, Durchflußmengen und Temperaturen bei verfahrenstechnischen Regelungen, etwa Mischungsregelungen, Masse bzw. Gewicht bei geregelten Lastaufzügen, Geschwindigkeitsmessungen mit Logs bei Schiffen oder Staudruckmessern bei Flugzeugen usw.

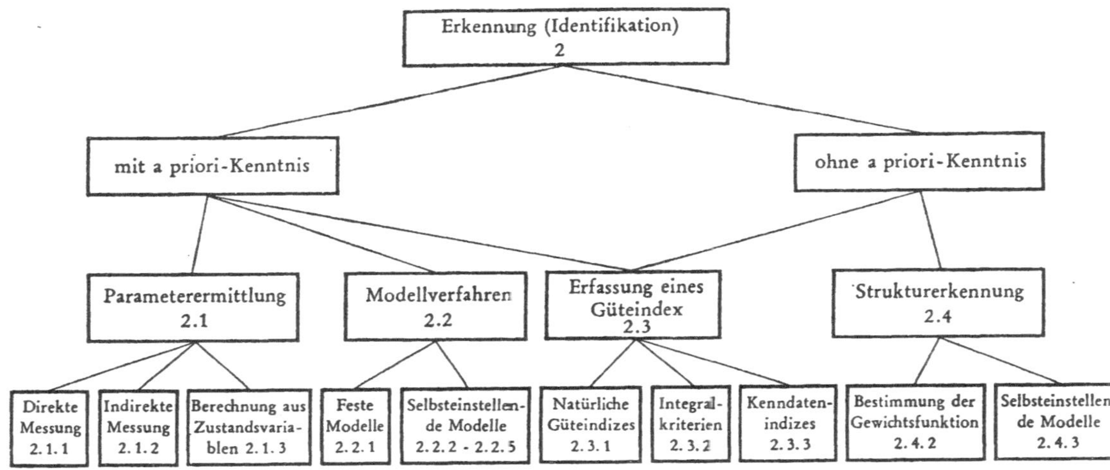

Bild 2/1
Einteilung der Erkennungsmethoden
(Die Nummern in den Blöcken sind die Nummern der Abschnitte, in denen die betreffenden Methoden besprochen werden)

In allen derartigen Fällen können die direkt zu messenden Größen Parameter eines adaptiven Systems sein. Dann ist der Erkennungsprozeß durch die direkte Messung auf das einfachste zu bewerkstelligen.

2.1.2 Indirekte Messung von Parametern

Ist die direkte Erfassung der Parameter nicht möglich, so können sie häufig aus anderen, meßbaren Parametern mit Hilfe bekannter mathematischer Zusammenhänge errechnet werden.
Ein Beispiel für die „indirekte Messung" eines Parameters in einem adaptiven System ist die Erfassung der von der Masse m eines Förderkorbes und der Länge L des Förderseiles abhängigen Eigenfrequenz f der Schwingung des Förderkorbes. Sie läßt sich bei bekanntem Elastizitätsmodul E und bekannter Querschnittsfläche F des Seils annähernd errechnen durch

$$f = \frac{1}{2\pi}\sqrt{\frac{EF}{Lm}} \tag{2.1}$$

Ein weiteres Beispiel ist die Bestimmung des Trägheitsmomentes einer drehzahlgeregelten Haspel, auf die kaltgewalztes Stahlblech aufgewickelt wird und deren Trägheitsmoment mit dem Radius r der bewickelten Haspel veränderlich ist. Dieser Radius ist nämlich mit einem Bundrechner leicht zu erfassen.
Beim Bundrechner werden zwei Impulsgeber verwendet, die mit einer Umlenkrolle bzw. der Haspel gekoppelt sind. Mit dem an der Haspel angebrachten Impulsgeber 1 (Bild 2/2) ist ein Rückwärtszähler verbunden, der auf einen bestimmten Anfangswert, z. B. 300, gesetzt und durch 300 Impulse auf Null zurückgezählt wird. Da dieser Impulsgeber mit der Haspel verbunden ist, entspricht diesen angenommenen 300 Impulsen ein konstanter stets gleichbleibender Winkel w. Mit Beginn der Rückwärtszählung wird gleichzeitig die Anzahl der Impulse des zweiten Impulsgebers, der an einer Umlenkrolle für das Stahlband angebracht ist, in einen Vorwärtszähler hineingezählt, der vorweg auf Null gesetzt wurde. Ist der Rückwärtszähler auf Null zurückgezählt, so steht im Vorwärtszähler eine Impulszahl, die proportional dem Bogen b über dem bekannten Winkel w ist. Bogen und Winkel hängen mit dem Radius r aber über die Beziehung

$$r = \frac{180}{w}\,\frac{b}{\pi} \tag{2.2}$$

zusammen und gestatten die sofortige Ermittlung von r aus dem Zählerstand des Vorwärtszählers. Sind ferner die Haspellänge l und das spezifische Gewicht γ bekannt, so ergibt sich mit g als Erdbeschleunigung das Trägheitsmoment aus

$$\theta = \frac{1}{2} \frac{\pi l \gamma}{g} r^4. \tag{2.3}$$

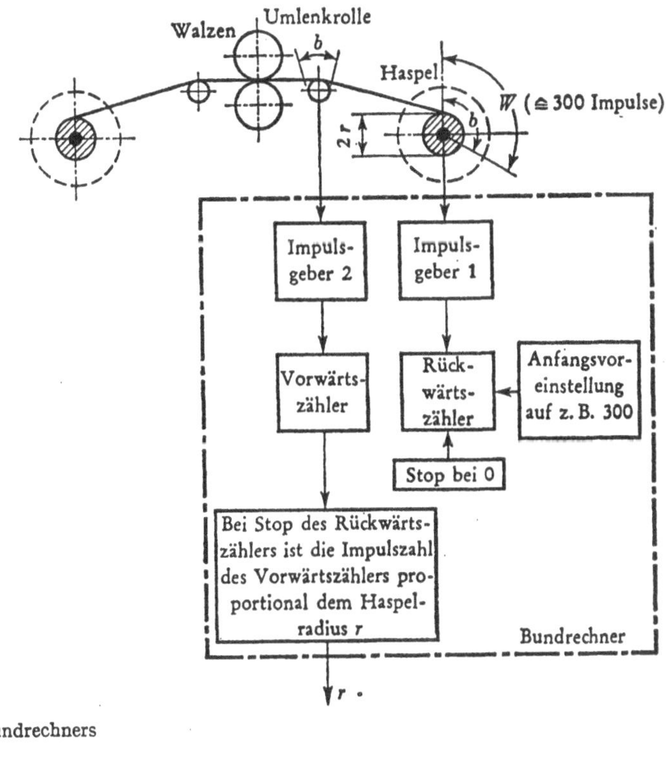

Bild 2/2
Prinzip des Bundrechners

Ein weiteres Beispiel für eine solche Parameterberechnung durch ein Rechengerät tritt bei einer Stranggußanlage auf. Im Bild 2/3 sind der Stahlvorratsbehälter (Pfanne), der Verteiler und die Kokillen gezeigt, aus denen der Stahlstrang abgezogen wird. Besonders wichtig für die Funktionsweise der Anlage ist eine gute Niveauregelung für die Kokillen. Der Füllstand des Verteilers geht aber als Verstärkungsfaktor in diese Regelkreise ein. Er kann weder direkt gemessen werden, noch genügt es, ihn als dem durch Druckmeßdosen angezeigten Gewicht G_{anz} des Verteilers proportional anzunehmen, da das echte Verteilergewicht von G_{anz} abweicht. Diese Abweichung entsteht durch die Kräfte, die durch den Zufluß und die abfließenden Stahlstrahlen auf den Verteiler wirken. Man kann sie mit Hilfe eines Rechengerätes erfassen und damit den Verteilerfüllstand errechnen (Bild 2/3). Die zu realisierende implizite Beziehung für h_v lautet (Bild 2/3)

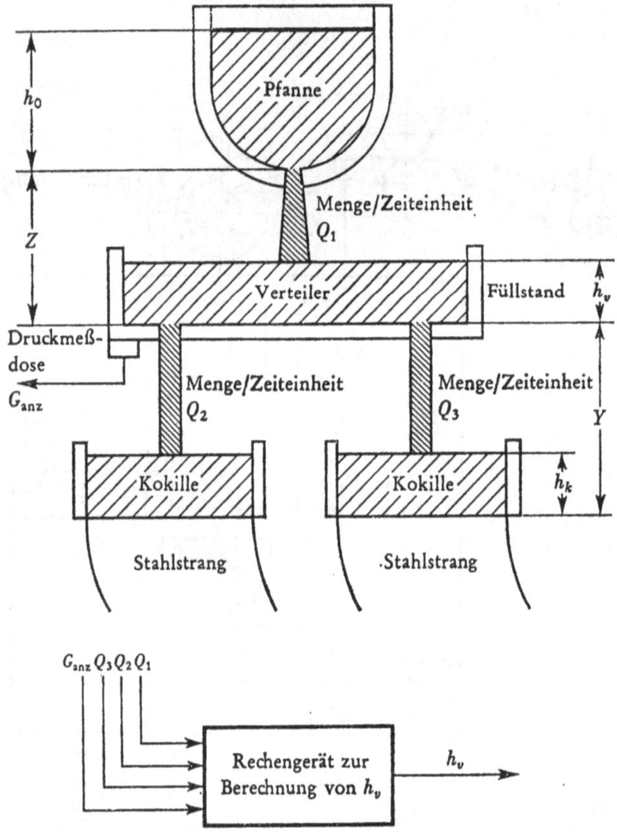

Bild 2/3
Errechnung der Füllstandshöhe des Verteilers einer Stranggußanlage aus einer Gleichung

$$h_v = k\left[G_{anz} - \varrho Q_1 \sqrt{2g(h_0 + Z - h_v)} + \varrho (Q_2 + Q_3) \sqrt{2g(h_v + Y - h_k)}\right]. \tag{2.4}$$

Hierin ist k ein bekannter Proportionalitätsfaktor, ϱ die Dichte des Stahls. Die anderen Größen von (2.4) sind im Bild 2/3 definiert. Da G_{anz}, Q_1, Q_2 und Q_3 erfaßt werden können, liefert die Berechnung dieser algebraischen Gleichung h_v.

2.1.3 Parameterermittlung aus den Systemvariablen

Auch die indirekte Erfassung von Parametern kann schwierig oder unmöglich werden, z. B. wenn es nicht gelingt, formelmäßige Zusammenhänge zwischen meßbaren Parametern und den zu erfassenden Parametern zu finden. Dann können Erkennungsverfahren Verwendung finden, bei denen Rechenschaltungen eingesetzt werden, in die die *Systemvariablen*, also die Zustandsvariablen, Steuer- und Ausgangsgrößen des Systems, als Eingangsgrößen eingehen (Bild 2/1). Diese Verfahren verarbeiten in geeigneter Weise die gegebene Differentialgleichung, die im allgemeinen als linear vorausgesetzt wird. Teilweise eignen sich die Verfahren aber auch für nichtlineare Systeme. Die zu erfassenden variablen Parameter müssen quasistationär sein, d. h. ihre Änderungsgeschwindigkeit muß klein sein gegenüber den Systemzeitkonstanten. Gemeinsam ist diesen Verfahren, daß die zeitvarianten Übertragungsglieder eine Anregung erfahren, d. h. eine veränderliche Eingangsgröße aufweisen müssen. Vereinfacht ausgedrückt, läßt sich ihr Grundprinzip auf folgende einfache Vorschrift reduzieren: Ist in einem Übertragungsglied mit gegebener Funktionalbeziehung der Parameter A zeitvariant, so löse man die Beziehung nach diesem Parameter A auf und realisiere den sich ergebenden Ausdruck für A mit Hilfe eines Rechengerätes. Die Realisierung der Rechengeräte kann mit analogen Bausteinen erfolgen. Bei Vorhandensein eines digitalen Prozeßrechners bietet sich jedoch die Realisierung per Programm auf diesem Rechner an.
Wegen ihres im Verhältnis geringen Realisierungsaufwandes sind derartige Erkennungsverfahren mit Rechenschaltungen für Anlagen- und Prozeßregelungen besonders geeignet. Sie sollen daher ausführlich besprochen werden.

2.1.3.1 Das Verfahren von Corbin

Ein in [2.1] skizziertes Verfahren von CORBIN, das nun genauer untersucht werden soll [2.19], sei anhand einer Differentialgleichung 1. Ordnung

$$x_A + T\dot{x}_A = K x_E \qquad (2.5)$$

erläutert. In ihr sei der Parameter T fest und bekannt, der Parameter K zu identifizieren. Formales Umschreiben von (2.5) ergibt mit

$$K = \frac{x_A + T\dot{x}_A}{x_E} \qquad (2.6)$$

direkt eine Strukturvorschrift für ein Identifikationsrechengerät. Eine Durchführung der Identifikation auf diese Weise, also mittels einer Differentationsoperation, ist jedoch wegen der im System stets vorhandenen Störwelligkeit unrealistisch. Das gilt in erhöhtem Maß für eine Differentialgleichung höherer Ordnung.

Es ist daher zweckmäßig, daß man vor der Auflösung der Differentialgleichung diese so oft über die Zeit integriert, daß im endgültigen expliziten Ausdruck für den zu identifizierenden Parameter keine Ableitungen nach der Zeit mehr auftauchen.

Für die Beziehung (2.5) folgt hieraus zunächst:

$$\int_0^t x_A \, dt + T\,[x_A - x_A(0)] = \int_0^t K x_E \, dt$$

und daraus bei quasistationärem K

$$K = \frac{\int_0^t x_A \, dt + T\,[x_A - x_A(0)]}{\int_0^t x_E \, dt}. \tag{2.7}$$

Das im Bild 2/4 angegebene zugehörige Rechengerät weist keine Differenzierglieder mehr auf. Die Eingangsgrößen der Schaltung sind die Variablen

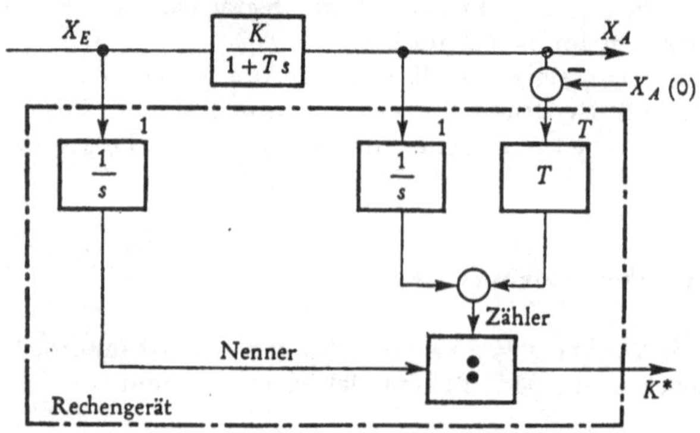

Bild 2/4

Strukturbild der Meßschaltung für K

x_A und x_E. Die Ausgangsgröße ist K. Das ist der von der Meßschaltung ermittelte Wert für K^*. Es muß nämlich beachtet werden, daß die Nachbildung der Gleichung (2.7) mit technischen Mitteln natürlich mit gewissen Fehlern behaftet ist, was eine Unterscheidung zwischen dem exakten Werk K und dem von der Schaltung ermittelten Wert K^* erforderlich macht.

Bei den nachstehend beschriebenen Untersuchungen wurde die Schaltung mit Hilfe von Analogrechnerelementen realisiert und mit sprungförmiger Vorgabe von x_E gearbeitet. Bei der Normierung muß daher beachtet werden, daß die Meßschaltung in dieser Form nicht stabil ist, da die Integratoren laufend aufintegrieren, so daß bei ungünstiger Normierung sehr bald eine Übersteuerung eintritt. Die Division wurde mit Hilfe einer Dividierschaltung aus Zwei-Parabel-Multiplikatoren durchgeführt und weist Fehler von 1–5% auf. Die Eingangsgröße x_E des Übertragungsgliedes mit dem zu messenden Parameter K wurde sprungartig von 0 auf x_{Em} erhöht. Die Ergebnisse sind aus den Bildern 2/5 bis 2/7 zu ersehen. In jedem Bild wurde der Verstärkungsfaktor K des Übertragungsgliedes zwischen $\frac{K}{K_m} = 0{,}1$ und $\frac{K}{K_m} = 1$ variiert und die entsprechende Ausgangsgröße $\frac{K}{K_m}$ der Meßschaltung geschrieben, wobei K_m der Normierungsfaktor von K und K^* ist. Die Sprungantwort $x_A = f(t)$ ist in allen drei Bildern jeweils mit aufgezeichnet worden und erlaubt eine Beurteilung der äußerst kurzen Identifikationszeit.

Als Ergebnis zeigt sich, daß der gemessene Wert nicht sprungförmig den eingestellten Wert anzeigt, sondern sich nach einer gewissen Zeitfunktion der erwünschten Anzeige annähert. Ein Einfluß der Zeitkonstanten T auf diese Zeitfunktion ist dabei nicht festzustellen.

Die anfängliche Abweichung des Meßergebnisses vom erwünschten Endwert läßt sich insbesondere durch den Einsatz der Dividierschaltung erklären, die, wie bereits erwähnt, für kleine Aussteuerungen relativ große Fehler liefert. Im ersten Augenblick des Einschaltens ist der Quotient undefiniert. Er nähert sich erst nach einem dynamischen Ausgleichsvorgang dem Endwert, der dann recht gut erreicht und gehalten wird.

Die Genauigkeit der stationären Anzeige beträgt 1–10% und wird um so besser, je größer die Aussteuerung der Schaltung wird, je größer also der eingestellte Wert $\frac{K}{K_m}$ ist. Auch der Übergangsvorgang erfolgt bei den größeren K-Werken schneller, so daß das Verhältnis $\frac{K^*}{K}$ schneller gegen den Wert 1 strebt.

Es ist zu beachten, daß ein kontinuierlicher Meßbetrieb auf diese Weise nicht möglich ist. Auch wenn nämlich der anfängliche Fehler der Meßschaltung verschwunden ist, wachsen Zähler und Nenner der Divisionsschaltung dauernd an, was nach einer bestimmten Zeit zur Übersteuerung der dies verursachenden Integratoren führt. Im Normalfall muß also zu einem diskontinuierlichen Identifikationsbetrieb übergegangen werden.

Da die anfänglichen Fehler der Corbin-Meßschaltung offenbar durch die anfangs zu kleinen Aussteuerungen erzeugt werden, wurde versucht, die Ursache durch Einführung von Anfangsaussteuerungen in ihrer Wirkung zu verkleinern. Zu diesem Zweck wurden an den Integratoren, denen die Größen

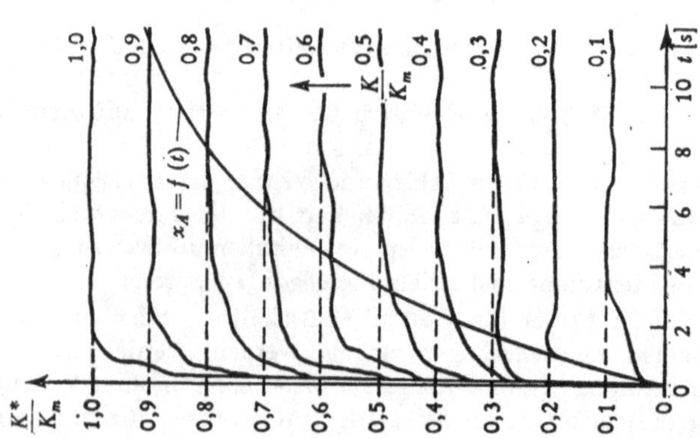

Bild 2/5
System mit $T = 5$ s

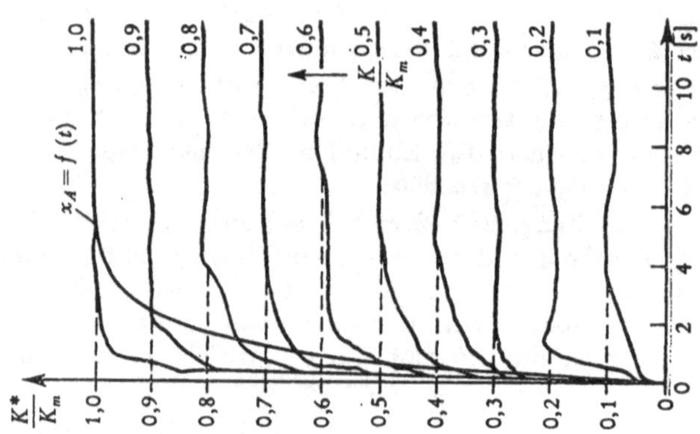

Bild 2/6
System mit $T = 1$ s

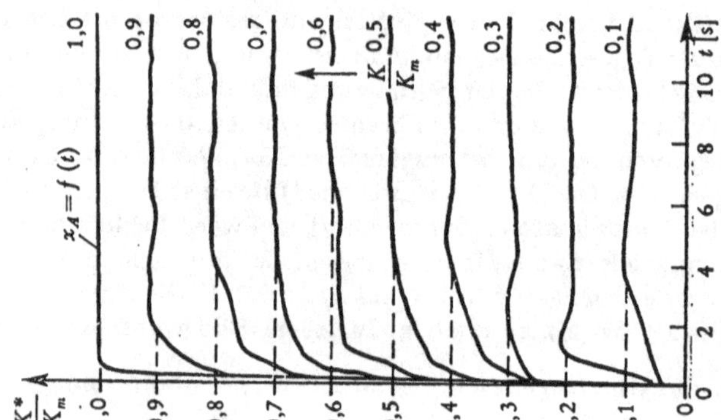

Bild 2/7
System mit $T = 0{,}1$ s

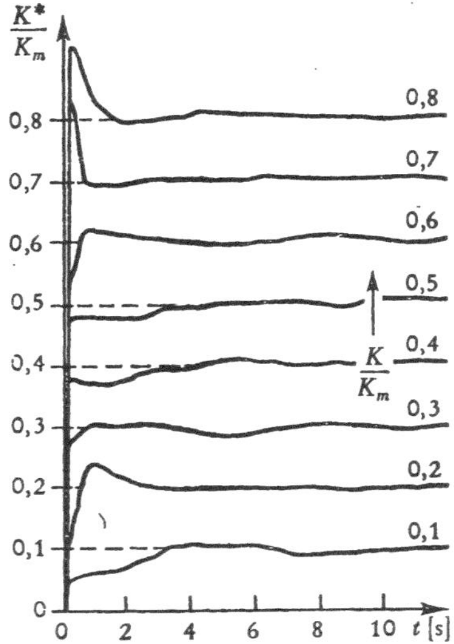

Bild 2/8
Einfluß einer Anfangsaussteuerung
$a_0 = 0{,}005$ ($T = 5$ s)

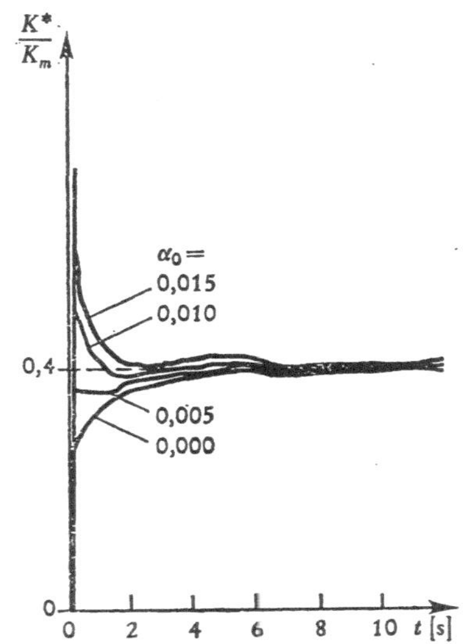

Bild 2/9
Verschiedene Anfangsaussteuerungen
bei $K/K_m = 0{,}4$ ($T = 5$ s)

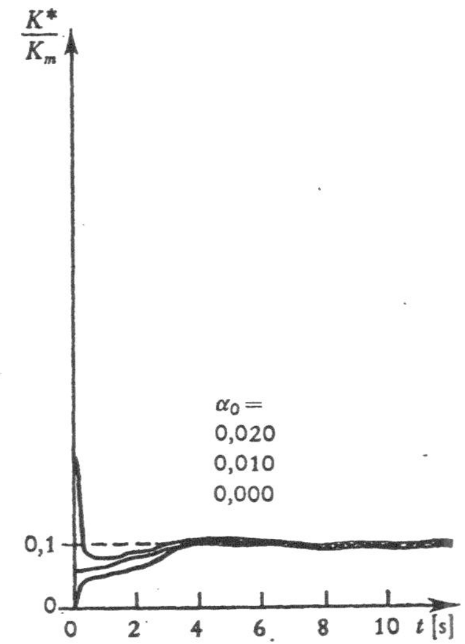

Bild 2/10
Verschiedene Anfangsaussteuerungen
bei $K/K_m = 0{,}1$ ($T = 5$ s)

x_E und x_A zugeführt werden, Anfangswerte α_0 und $K\alpha_0$ eingestellt. Bei Einsatz dieser Schaltung als Identifikationsschaltung wird aus den vorerwähnten Gründen meist ein diskontinuierlicher Betrieb erforderlich sein. Der Anfangswert $K\alpha_0$ kann dann bei bekanntem α_0 aus dem beim vorigen Meßintervall ermittelten K berechnet werden.

Das Ergebnis ist aus den Bildern 2/8 bis 2/10 zu ersehen. Im Bild 2/8 wurde bei einem Anfangswert $\alpha_0 = 0{,}005$ für verschiedene Werte von K die von der CORBIN-Schaltung abgegebene Funktion $\frac{K^*}{K_m}$ aufgezeichnet. Man erkennt deutlich durch Vergleich mit Bild 2/5, daß sich die Einführung des Anfangswertes positiv auf den Meßfehler auswirkt. Dies gilt besonders für große $\frac{K}{K_m}$-Werte. Zum Beispiel besitzt der Meßwert $\frac{K^*}{K_m}$ für $\frac{K}{K_m} = 0{,}5$ bei vorhandenem Anfangswert (Bild 2/8) bereits nach 50 ms einen Fehler von weniger als 5%, während bei fehlendem Anfangswert (Bild 2/5) nach 50 ms der Fehler noch > 50% ist und die 5%-Fehlergrenze erst nach 3 s unterschreitet. Für kleine Werte von $\frac{K}{K_m}$ ist der Einfluß eines Anfangswertes gering, für große Werte von $\frac{K}{K_m}$ tritt dagegen eine Überkompensation des Meßfehlers ein. Bei $\frac{K}{K_m} = 0{,}8$ z. B. steigt der Meßwert zunächst sehr schnell auf eine Anzeige von $\frac{K}{K_m} = 0{,}91$, um dann langsam gegen 0,8 zu laufen. Insgesamt jedoch wirkt sich das Vorhandensein von Anfangswerten für die Messung positiv aus, wie sich besonders aus der Kurve für $\frac{K}{K_m} = 0{,}5$ im Bild 2/8, die dem idealen Verlauf sehr nahe kommt, erkennen läßt.

In den Bildern 2/9 und 2/10 wurde weiterhin der Einfluß der Größe des Anfangswertes α_0 auf den Meßausgang $\frac{K^*}{K_m}$ der CORBIN-Schaltung dargestellt. Aus Bild 2/9 ersieht man, daß für $\frac{K}{K_m} = 0{,}4$ offenbar die Einstellung eines Anfangswertes α_0 zwischen den Werten 0,005 und 0,01 einen fast idealen Verlauf der Meßfunktion herbeiführt. Für $\alpha_0 = 0{,}005$ steigt die Meßfunktion noch zu langsam an, für $\alpha_0 = 0{,}01$ schießt sie bereits anfänglich über das Ziel $\frac{K^*}{K_m} = 0{,}4$ hinaus. Aus Bild 2/10 ist erkennbar, daß für $\frac{K}{K_m} = 0{,}1$ eine Anfangswerteinstellung α_0 zwischen 0,01 und 0,02 am günstigsten ist.

Je kleiner also $\frac{K}{K_m}$ ist, desto kleiner ist die dynamische Aussteuerung der Meßschaltung und desto größer müssen die Anfangswerte α_0 sein, die dann

eine statische fehlervermindernde Grundaussteuerung bewirken. Es ist somit möglich, durch geeignete Beeinflussung von Anfangswerten, die die eigentliche Messung nicht stören, Meßfehler auf Grund schlechter Aussteuerung erheblich zu reduzieren.
Es wurde schon darauf hingewiesen, daß Zähler und Nenner der Division ständig anwachsen und nach einer gewissen Zeit eine Übersteuerung der Integratoren auftritt. Um dies zu vermeiden, wurde die Meßschaltung stabi-

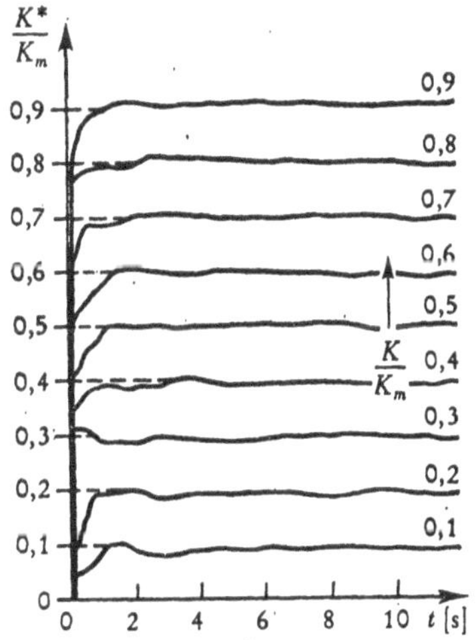

Bild 2/11

$T_1 = 1\text{s}, a_0 = 0$

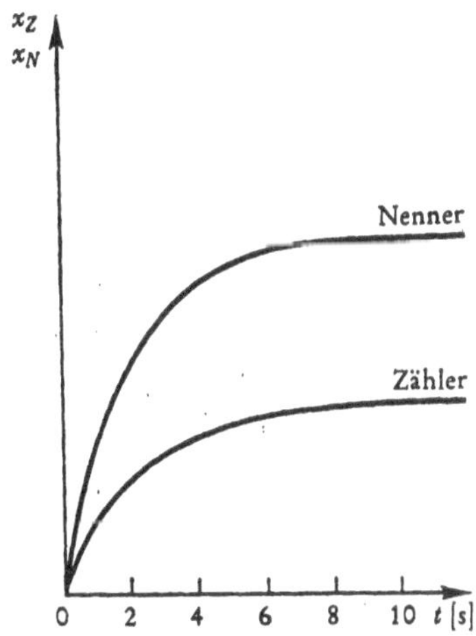

Bild 2/12

Eingang der Divisionsschaltung

lisiert. Beide Integratoren wurden mit Rückführungsstabilisierungen gleicher Zeitkonstanten versehen. Im Bild 2/11 ist der Ausgang $\frac{K^*}{K_m}$ der Schaltung für verschiedene Werte von K aufgezeichnet. Man erkennt, daß die Meßkurven den idealen Endwert recht schnell erreichen. Man erkennt ferner, daß die gleichzeitige Verfälschung von Zähler und Nenner der Meßschaltung in der gleichen Größe und Richtung dazu führt, daß stationär kein Dauerfehler auftritt. Die Verfälschung besteht darin, daß hinter den Integratoren der Meßschaltung nicht, wie bei der unstabilisierten Schaltung, integrale Zeitfunktionen mit konstantem Anstieg, sondern verzögerte Proportionalzeitfunktionen mit stationärem Endwert auftreten (Bild 2/12).
Auch bei anderen Übertragungsgliedern ergibt das Verfahren von Corbin eine gute Lösung des Identifikationsproblems. Für ein Übertragungsglied 2. Ordnung ohne Dämpfung etwa, das der Differentialgleichung

$$A\ddot{l} + l = Kx \tag{2.8}$$

folgt und den quasistationär zwischen 0,01 und 0,25 schwankenden Parameter A aufweist, ergaben sich mit der CORBIN-Schaltung die im Bild 2/13 gezeigten Übertragungsfunktionen. Es handelt sich dabei um einen Teil der Regelstrecke für die Umsetzregelung eines Förderkorbes [2.3]. Man erkennt, daß für $A = 0{,}01$ die CORBIN-Schaltung bereits nach 1,5 s einen brauch-

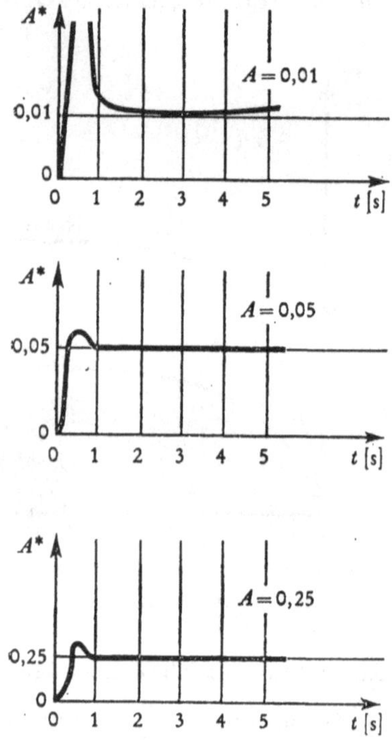

Bild 2/13
Ausgang A der Meßschaltung nach Corbin für verschiedene Werte von A

baren Wert für A liefert. Da $A = 0{,}01$ einer Schwingungsdauer des Gliedes 2. Ordnung von 0,63 s entspricht, erscheint dies als recht gutes Ergebnis. Für $A = 0{,}05$, was einer Schwingungsdauer von 1,40 s entspricht, liefert die Messung nach ebenfalls 0,8 s einen brauchbaren Wert für A. Für $A = 0{,}25$ oder eine Schwingungsdauer von 3,14 s ist das Ergebnis mit einer Meßzeit von 0,5 s noch wesentlich günstiger.

Abschließend läßt sich folgendes sagen [2.19]:

Das Verfahren ist zur Parameteridentifikation gut geeignet. Es läßt sich digital und analog realisieren. Bei analoger Realisierung ist der Aufwand abhängig von der Ordnung der zugrunde gelegten Differentialgleichung.

Er steigt mit wachsender Ordnung. Da außerdem aus einer Differentialgleichung immer nur ein einziger veränderlicher Parameter bestimmbar ist, während die anderen Parameter der Differentialgleichung konstant sein müssen, erscheint es sinnvoll, ein kompliziertes Übertragungsglied in mehrere möglichst einfache Teile aufzuspalten und die Messung veränderlicher Parameter an möglichst einfachen Teilen vorzunehmen. Erstens wird dadurch die Meßschaltung einfach, und zweitens lassen sich gegebenenfalls mehrere veränderliche Parameter einer Regelstrecke, an jedem Teilglied einer, erfassen.

2.1.3.2 Die Methode der Integration über verschiedene Grenzen

Die gegebene Differentialgleichung darf im Gegensatz zum Verfahren von CORBIN mehr als einen unbekannten, quasistationär veränderlichen Parameter enthalten. Es mögen etwa k solche Parameter vorhanden sein. Sie wird n-mal nach der Zeit t integriert, wobei n gleich der Ordnung der Differentialgleichung gewählt wird. Die Anfangswerte müssen dabei bekannt sein. Die entstehende Integralgleichung, deren obere Integrationsgrenze variabel ist, wird in einen Satz von k gleichartigen Beziehungen desselben Aussehens wie die Integralgleichung aufgelöst, wobei aber die oberen Integrationsgrenzen fest als die k verschiedenen Werte $t_1, t_2, \ldots, t_k$ gewählt werden. Diese k Gleichungen bilden ein lineares Gleichungssystem für die unbekannten Parameter und stellen eine Strukturvorschrift für den Aufbau eines Rechengerätes zur Erfassung dieser Parameter dar.
Angeregt wurde die nähere Untersuchung dieses Vorgehens durch Hinweise in [2.4], die aber bereits im Ansatz Fehler enthalten. In der vorliegenden Form dargestellt wurde es in [2.19].
Das Verfahren sei an der Differentialgleichung

$$b\dot{r} + r = K f(t) \tag{2.9}$$

erläutert. $f(t)$ ist die nichtkonstante Eingangsgröße, $r(t)$ die Ausgangsgröße des betrachteten Übertragungsgliedes. Sowohl b als auch K sind unbekannte Parameter, die durch ein Rechengerät ermittelt werden sollen.
(2.9) wird mit verschiedenen oberen Grenzen integriert und liefert

$$\begin{aligned} b[r(t_1) - r(0)] + \int_0^{t_1} r(t)\,\mathrm{d}t &= K \int_0^{t_1} f(t)\,\mathrm{d}t, \\ b\,[r(t_2) - r(0)] + \int_0^{t_2} r(t)\,\mathrm{d}t &= K \int_0^{t_2} f(t)\,\mathrm{d}t. \end{aligned} \tag{2.10}$$

Mit den Abkürzungen

$$(2.11)\quad \begin{aligned} R_{11} &= r(t_1) - r(0), \\ R_{21} &= r(t_2) - r(0), \\ R_{12} &= \int_0^{t_1} r(t)\,\mathrm{d}t, \\ R_{22} &= \int_0^{t_2} r(t)\,\mathrm{d}t, \\ F_1 &= \int_0^{t_1} f(t)\,\mathrm{d}t, \\ F_2 &= \int_0^{t_2} f(t)\,\mathrm{d}t, \end{aligned}$$

wird hieraus das lineare Gleichungssystem

$$(2.12)\quad \begin{aligned} b\,R_{11} - K F_1 &= -R_{12}, \\ b\,R_{21} - K F_2 &= -R_{22}. \end{aligned}$$

Seine Lösung ist

$$(2.13)\quad \begin{aligned} b &= \frac{R_{22}\,F_1 - R_{12}\,F_2}{R_{11}\,F_2 - R_{21}\,F_1}, \\ K &= \frac{R_{22}\,R_{11} - R_{12}\,R_{21}}{R_{11}\,F_2 - R_{21}\,F_1}. \end{aligned}$$

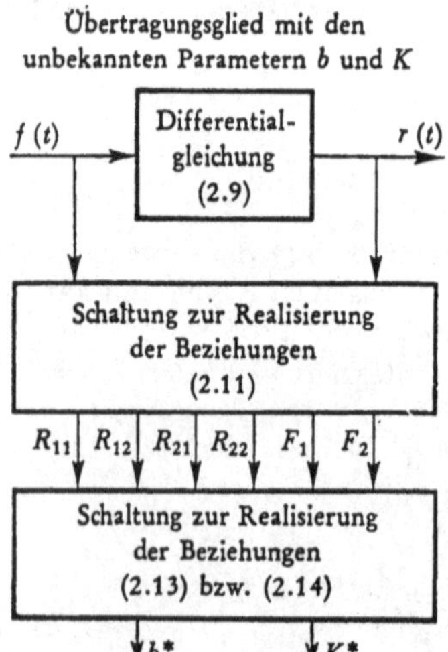

Bild 2/14
Grundsätzliches Aussehen der Identifikationsschaltung

Mit (2.11) und (2.13) hat man einen Satz von Vorschriften für einen DDC-Algorithmus oder für die Struktur eines analogen oder hybriden Rechengerätes zur Bestimmung der unbekannten Parameter b und K (Bild 2/14).

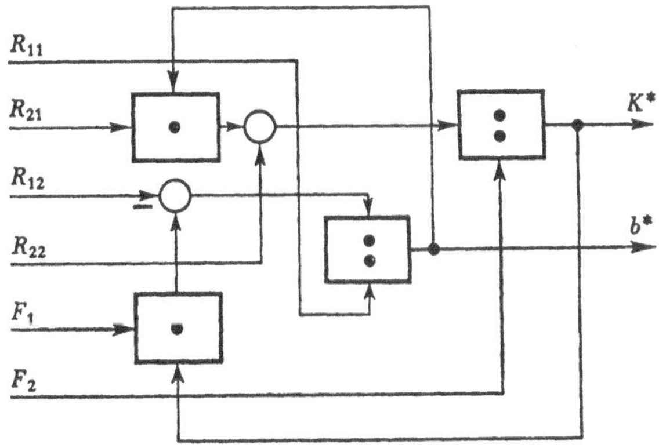

Bild 2/15
Struktur der Beziehungen (2.14)

Einen geringeren Aufwand erhält man, wenn man, statt (2.13) zu realisieren, die Beziehungen (2.12) umformt in

$$b = \frac{-R_{12} + K F_1}{R_{11}},\qquad K = \frac{R_{22} + b\,R_{21}}{F_2}. \tag{2.14}$$

Die Struktur dieser Beziehungen zeigt Bild 2/15. Mit dieser Struktur wurde ein analoges Rechengerät aufgebaut.
In den Bildern 2/16, 2/17 und 2/18 sind Ergebnisse für die sprungförmige Erregung eines Übertragungsgliedes 1. Ordnung nach (2.9) mit $b = 2\,\mathrm{s}$ und $K = 3$ aufgetragen. Als Integrationszeiten wurden $t_1 = 1\,\mathrm{s}$ und $t_2 = 2\,\mathrm{s}$ gewählt. Die zu R_{ik} bzw. F_i gehörigen gemessenen Zeitfunktionen werden mit A_{Rik} bzw. A_{Fi} bezeichnet. Man erkennt, daß sich die Beiwerte des linearen Gleichungssystems (2.12) innerhalb von 1 bzw. 2 s bilden. A_{R11} z. B. ist im Zeitraum $t = 0$ bis t_1 durch Bildung von $r(t) - r(0)$ und von t_1 ab durch Speicherung des Wertes $r(t_1) - r(0)$ realisiert:

$$A_{R11} = \begin{cases} r(t) - r(0), & 0 < t \leqq t_1 \\ r(t_1) - r(0) = R_{11}, & t_1 \leq t. \end{cases} \tag{2.15}$$

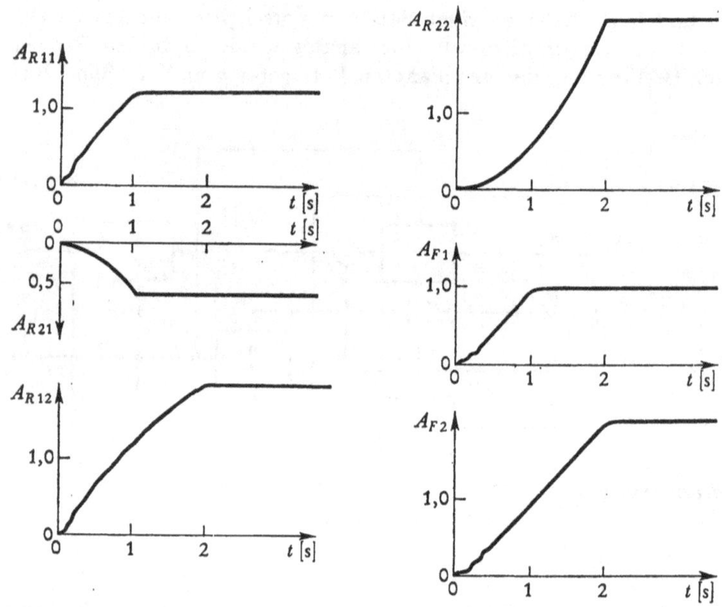

Bild 2/16
Verlauf der Beiwerte der Beziehungen (2.12)

Man erkennt, daß die aus

$$
\begin{aligned}
R_{11} &= 3\,(1 - e^{-0,5}) = 1{,}182, \\
R_{21} &= 3\,(1 - e^{-1}) = 1{,}896, \\
R_{12} &= 3\,(1 + 2e^{-0,5} - 2) = 0{,}636, \\
R_{22} &= 3\,(1 + 2e^{-1} - 2) = 2{,}208, \\
F_1 &= t_1 = 1, \\
F_2 &= t_2 = 2
\end{aligned}
\tag{2.16}
$$

errechenbaren Größen mit den im Bild 2/16 angezeigten Werten übereinstimmen.

Da von der Identifikationsschaltung erst nach Ablauf der Zeit t_2 richtige Werte für b und K zu erwarten sind, ist es sinnvoll, Zähler und Nenner der in der Struktur von Bild 2/15 realisierten Divisionen erst im Zeitpunkt t_2 zusammenzuschalten. Die Ausgangsgrößen b^* und K^* der Schaltung gehen dann im Zeitpunkt t_2 exakt auf die Werte b und K: Bild 2/17 und 2/18.

Auch dann, wenn die Eingangsgröße $f(t)$ des Übertragungsgliedes nicht sprungförmig ist, liefert das Verfahren brauchbare Ergebnisse.
Bild 2/19 zeigt die Zeitfunktionen A_{R11}, A_{R12}, A_{R21}, A_{F1} und A_{F2} für den Fall einer linear ansteigenden Eingangsfunktion des Übertragungsgliedes, wiederum mit $t_1 = 1$s und $t_2 = 2$ s. Die Ausgangsgrößen b^* und K^* der Rechenschaltung erreichen nach Ablauf der Integrationszeiten ebenfalls genau die Werte der zu identifizierenden Parameter.

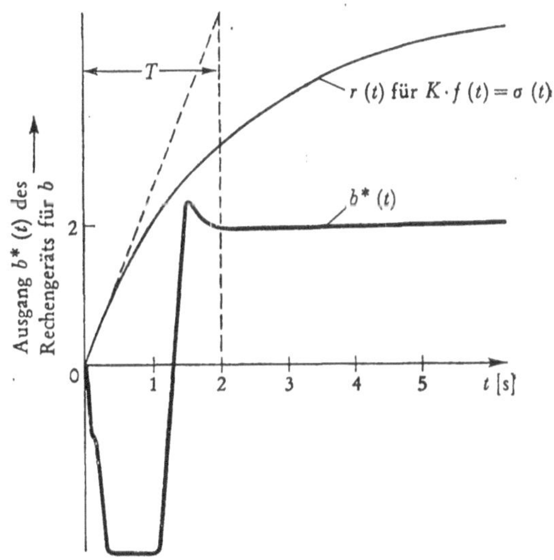

Bild 2/17
Verlauf des Ausgangs $b^*(t)$ des Rechengerätes nach Bild 2/14 und Bild 2/15 für b

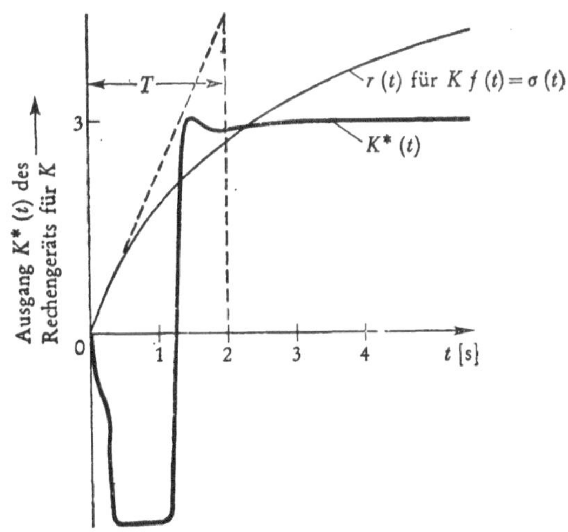

Bild 2/18
Verlauf des Ausgangs $K^*(t)$ des Rechengerätes nach Bild 2/14 und 2/15 für K

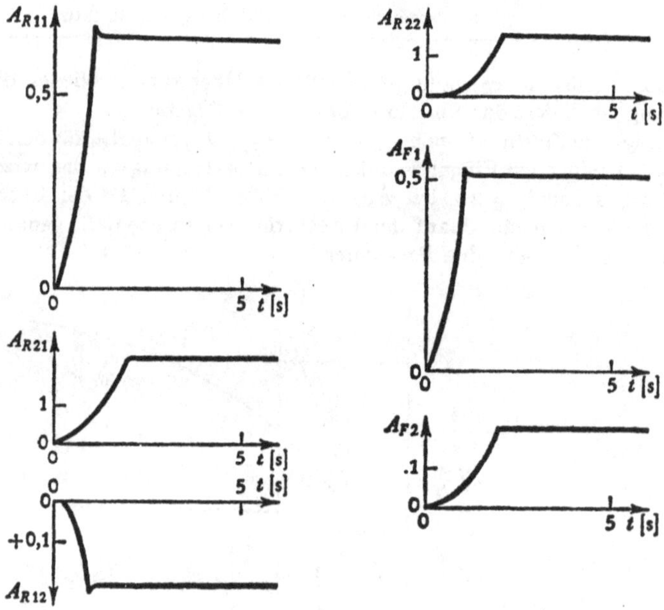

Bild 2/19
Zwischengrößen bei rampenförmiger Anregung des Übertragungsgliedes

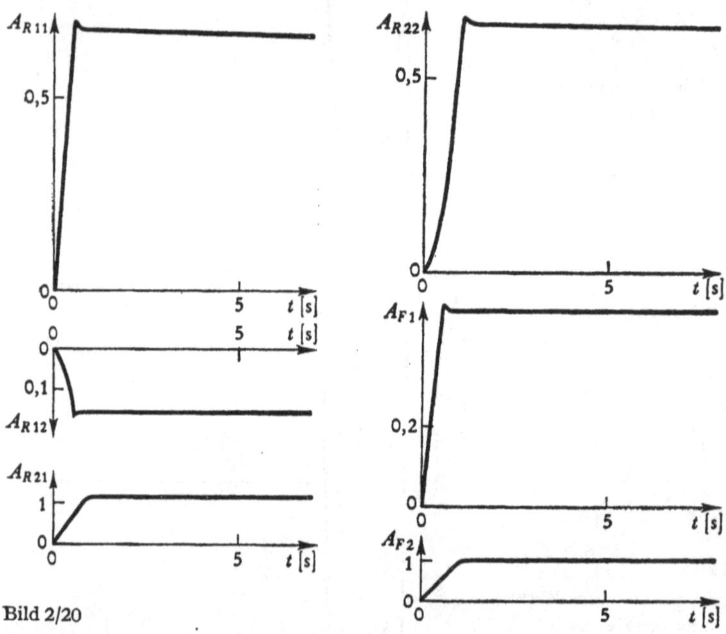

Bild 2/20
Zwischengrößen für kürzere Integrationszeiten

Verkürzt man die Integrationszeiten auf $t_1 = 0{,}5$ s und $t_2 = 1$ s, so ergeben sich gleich gute Lösungen. Die Zwischengrößen für diesen Fall zeigt Bild 2/20. Abschließend läßt sich feststellen, daß das Verfahren in der hier vorgeschlagenen Form brauchbar ist. Es gestattet im Gegensatz zum Verfahren von CORBIN, aus einem Übertragungsglied auch mehrere Parameter zu identifizieren. Die Realisierung des Parameterrechengerätes kann analog, digital in Form eines Algorithmus vorgenommen werden. Es sei ferner darauf hingewiesen, daß es im Gegensatz zu Strukturerkennungsverfahren auch die Behandlung von nichtlinearen Übertragungssystemen erlaubt.

2.1.3.3 Die Methode der modulierenden Funktionen

Ein von LOEB und CAHEN in [2.5] angegebenes Verfahren, das in [2.19] näher untersucht und modifiziert wurde, umgeht das Problem der Realisierung von mehrfachen Differentiationen auf andere Weise.
Es sei anhand der Differentialgleichung

$$\Theta_0 x + \Theta_1 \dot{x} + \Theta_2 \ddot{x} = y(t) \tag{2.17}$$

eines Übertragungsgliedes mit der nicht konstanten Eingangsfunktion $y(t)$ und einem oder mehreren quasistationär schwankenden Parametern Θ_i erläutert. Diese Gleichung wird mit einer im wesentlichen frei wählbaren Zeitfunktion $\Phi(t)$ multipliziert und zwischen den Grenzen 0 und T integriert, wobei T ebenfalls frei wählbar ist.

$$\Theta_0 \int_0^T \Phi x \mathrm{d}t + \Theta_1 \int_0^T \Phi \dot{x} \mathrm{d}t + \Theta_2 \int_0^T \Phi \ddot{x} \mathrm{d}t = \int_0^T \Phi y \mathrm{d}t. \tag{2.18}$$

Von der sogenannten modulierenden Funktion $\Phi(t)$ wird nur gefordert, daß sie samt ihrer ersten zeitlichen Ableitung $\dot{\Phi}(t)$ in $t = 0$ und $t = T$ verschwindet:

$$\begin{aligned} &\Phi(0) = \Phi(T) = 0, \\ &\dot{\Phi}(0) = \dot{\Phi}(T) = 0. \end{aligned} \tag{2.19}$$

Diese Bedingungen erlauben, über partielle Integrationen die Terme $\int_0^T \Phi \dot{x} \mathrm{d}t$ und $\int_0^T \Phi \ddot{x} \mathrm{d}t$ in folgender Weise umzuformen:

$$\int_0^T \Phi \dot{x} \mathrm{d}t = \Phi x \Big|_0^T - \int_0^T \dot{\Phi} x \mathrm{d}t = -\int_0^T \dot{\Phi} x \mathrm{d}t,$$

$$\int_0^T \Phi \ddot{x} \mathrm{d}t = \Phi \dot{x} \Big|_0^T - \int_0^T \dot{\Phi} \dot{x} \mathrm{d}t = -\int_0^T \dot{\Phi} \dot{x} \mathrm{d}t \doteq -\dot{\Phi} x \Big|_0^T + \int_0^T \ddot{\Phi} x \mathrm{d}t = \int_0^T \ddot{\Phi} x \mathrm{d}t.$$

Damit kann (2.18) in die Form

$$\text{(2.20)} \qquad \Theta_0 \int_0^T \Theta x \,\mathrm{d}t - \Theta_1 \int_0^T \dot{\Phi} x \,\mathrm{d}t + \Theta_2 \int_0^T \ddot{\Phi} x \,\mathrm{d}t = \int_0^T \Phi y \,\mathrm{d}t$$

umgeschrieben werden, in der keine Ableitungen der Systemvariablen x und y mehr auftauchen. (2.20) kann leicht nach dem zu identifizierenden Parameter aufgelöst und der entstehende Ausdruck als Rechenschaltung realisiert werden. Die Ableitungen von Φ bilden keine Schwierigkeit, da sie durch die Wahl von $\Phi(t)$ ja bekannt sind und als vorgegebene Zeitfunktionen eingeführt werden können. Man erzeugt dann z. B. die höchste Ableitung der modulierenden Funktion in einem Funktionsgeber und bildet die niedrigeren Ableitungen und Φ selbst mit Hilfe von Integratoren.

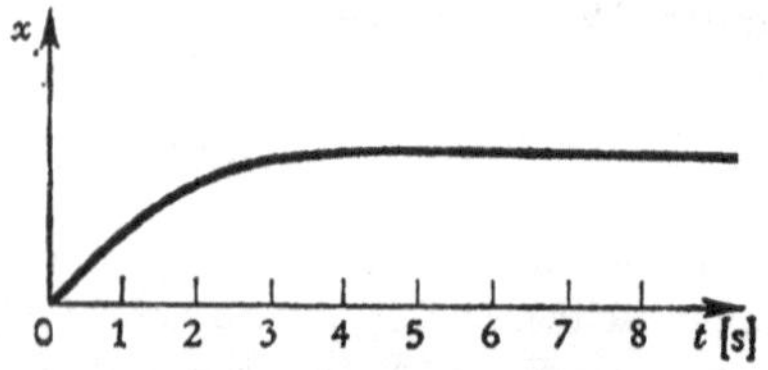

Bild 2/21
Übergangsfunktion des Übertragungsgliedes

Zur Überprüfung des Verfahrens wurde die Differentialgleichung

$$\Theta_0 x + 0{,}75\,\dot{x} + 0{,}25\,\ddot{x} = y(t)$$

gewählt, als Anregung ein Sprung eingeführt.
Die aperiodische Übergangsfunktion ist im Bild 2/21 angegeben. Als modulierende Funktion $\Phi(t)$ zur Ermittlung des als unbekannt vorausgesetzten Parameters Θ_0, der als $\Theta_0 = 0{,}5$ eingestellt wurde, wurde die Beziehung

$$\text{(2.21)} \qquad \Phi(t) = 1 - \cos t$$

angesetzt.
Die analoge Realisierung des Ausdrucks

$$\text{(2.22)} \qquad \Theta_0 = \frac{\int_0^{2\pi} \Phi y \,\mathrm{d}t + \Theta_1 \int_0^{2\pi} \dot{\Phi} x \,\mathrm{d}t - \Theta_2 \int_0^{2\pi} \ddot{\Phi} x \,\mathrm{d}t}{\int_0^{2\pi} \Phi x \,\mathrm{d}t} = \frac{Z(t)}{N(t)}$$

erbrachte die in den folgenden Bildern dargestellten Ergebnisse. Im Bild 2/22 sind Zähler und Nenner der Division aufgenommen. Im Zeitpunkt $t = 2\pi$ nehmen sie die Werte an, mit denen durch Quotientenbildung der

Wert für Θ_0 am Ausgang der Divisionsschaltung entstehen muß. Im Bild 2/23 wurde dieser Ausgang aufgezeichnet. Die Zuschaltung von Zähler und Nenner auf den Eingang der Divisionsschaltung erfolgte erst nach Ablauf von 4,8 s. Der Ausgangswert der Divisionsschaltung wurde im Zeitpunkt

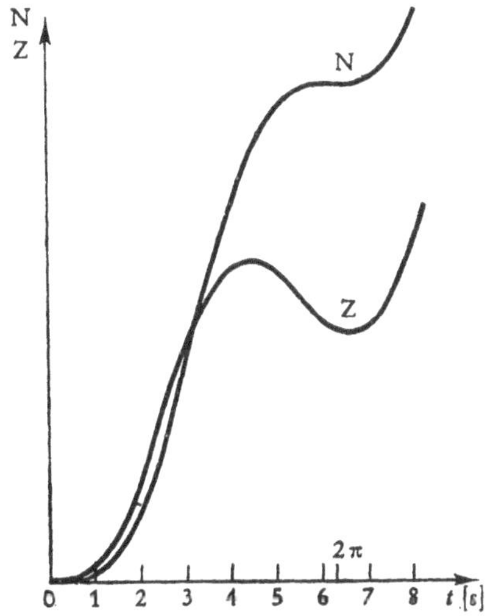

Bild 2/22
Zähler und Nenner der Division

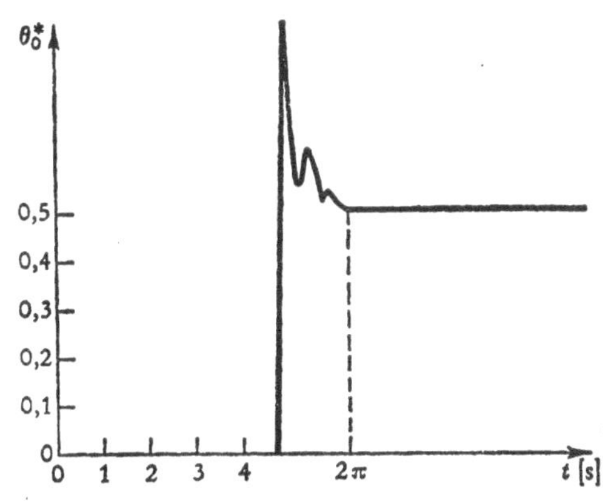

Bild 2/23
Ausgang der Rechenschaltung für θ_0

$t = 2\pi$ durch ein Halteglied festgehalten. Man erkennt aus Bild 2/23, daß der gehaltene Wert von $\Theta_0{}^*$ mit dem echten Wert von $\Theta_0 = 0{,}5$ auf etwa 2% genau übereinstimmt.

Im Bild 2/24 wurden statt dessen zwei Halteglieder am Eingang der Division benutzt, die die Werte von Z und N bei $t = 2\pi$ festhalten. Bild 2/25 zeigt die zugehörige Anzeige des Rechengerätes für Θ_0. Die Abweichung des Wertes $\Theta_0{}^*$ vom Wert Θ_0 liegt ebenfalls bei etwa 2%.

Das Verfahren ist ebenso wie die in den beiden vorstehenden Abschnitten beschriebenen Methoden ein brauchbares Erkennungsverfahren mit kurzer Identifikationszeit. Es ist für analoge und digitale Realisierung geeignet.

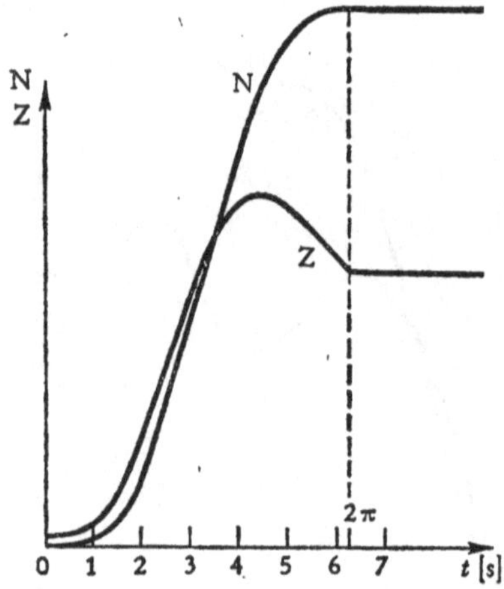

Bild 2/24

Halteglieder am Eingang des Divisionsgerätes

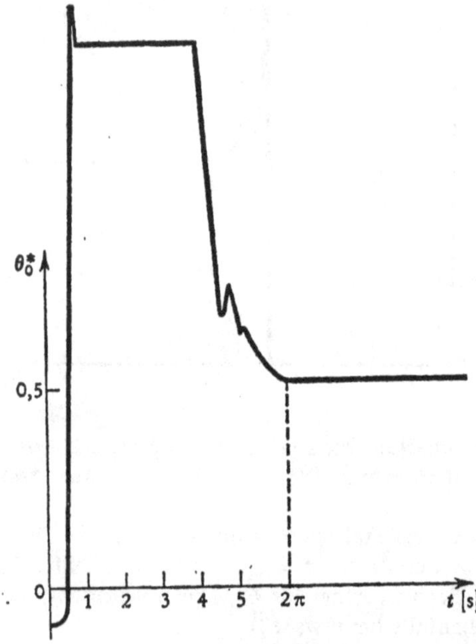

Bild 2/25

Ausgangsfunktion bei gespeicherten Eingangswerten von Z und N

Bei Systemen höherer Ordnung und bei mehr als einem zu identifizierenden Parameter wird die analoge Realisierung allerdings ungenau und aufwendig. Sind z. B. in (2.20) alle drei Parameter Θ_0, Θ_1 und Θ_2 unbekannt, so müssen drei modulierende Funktionen, etwa

$$\Phi_0 = 1 - \cos t, \quad \Phi_1 = 1 - \cos 2t, \quad \Phi_2 = 1 - \cos 4t \tag{2.23}$$

gewählt werden. Aus (2.20) folgt dann die Struktur der Erkennungsschaltung:

$$\begin{aligned} \Theta_0 &= \frac{\int_0^T \Phi_0 y \,\mathrm{d}t + \Theta_1 \int_0^T \dot{\Phi}_0 x \,\mathrm{d}t - \Theta_2 \int_0^T \ddot{\Phi}_0 x \,\mathrm{d}t}{\int_0^T \Phi_0 x \,\mathrm{d}t}, \\ \Theta_1 &= \frac{\int_0^T \Phi_1 y \,\mathrm{d}t - \Theta_0 \int_0^T \Phi_1 x \,\mathrm{d}t - \Theta_2 \int_0^T \ddot{\Phi}_1 x \,\mathrm{d}t}{-\int_0^T \dot{\Phi}_1 x \,\mathrm{d}t}, \\ \Theta_2 &= \frac{\int_0^T \Phi_2 y \,\mathrm{d}t - \Theta_0 \int_0^T \Phi_2 x \,\mathrm{d}t + \Theta_1 \int_0^T \dot{\Phi}_2 x \,\mathrm{d}t}{\int_0^T \ddot{\Phi}_2 x \,\mathrm{d}t}. \end{aligned} \tag{2.24}$$

Sie enthält bereits 18 Multiplikationen und drei Divisionen. Hier ist die Realisierung mit einem Digitalrechner vorzuziehen.

2.2 Prozeßerkennung mit festen und mit selbsteinstellenden Bezugsmodellen

Sowohl bei Systemen mit a-priori-Kenntnissen als auch bei „black-box"-Systemen können Bezugsmodellverfahren die Identifikationsaufgabe erfüllen (Bild 2/1). Stets wird hierbei ein Bezugsmodell, z. B. mit elektronischen Mitteln oder auch als Algorithmus für einen Digitalrechner, aufgebaut und ein Vergleich des Übertragungsverhaltens von Modell und zu identifizierendem Übertragungsglied durchgeführt.

2.2.1 Feste Bezugsmodelle

Ein Verfahren zur adaptiven Regelung mit Bezugsmodell wurde bereits im Abschnitt 1 dargestellt. Dort wurde das Bezugsmodell der Strecke als fest eingestelltes „Idealmodell" der Strecke benutzt und Abweichungen der realen Strecke vom „Idealmodell" wurden durch Veränderungen des Reglers ausgeglichen. Die Veränderlichkeit der Regelstrecke wird hier anhand eines festen Übertragungsverhaltens ständig „vermessen".
Der Identifikationsaufwand ist bei Benutzung fester Bezugsmodelle zumeist nicht sehr groß und beschränkt sich auf die Realisierung der Modelle sowie einen Vergleich der Ausgangsgrößen von Modell und zu identifizierendem Übertragungssystem, der z. B. durch Bildung der Differenz oder des Quotienten dieser Ausgangsgrößen durchgeführt wird (Bild 2/26).

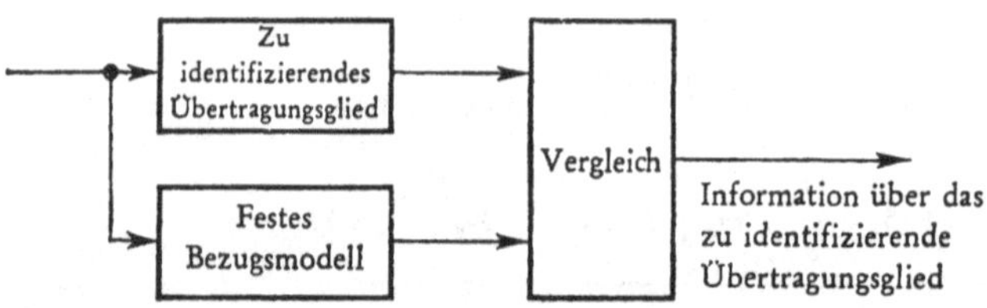

Bild 2/26
Identifikation mit festem Bezugsmodell

Die Anwendbarkeit solcher Erkennungsverfahren mit festen Bezugsmodellen ist jedoch auch auf verhältnismäßig einfache Fälle beschränkt. Die Veränderlichkeit der Regelstrecken darf nicht kompliziert sein, und ihre Eigenschaften dürfen sich nicht allzu weit von denen des festen Bezugsmodells entfernen.
In komplizierten Fällen bedient man sich daher nicht fester, sondern veränderlicher, anpassungsfähiger Bezugsmodelle, deren Eigenschaften denen der veränderlichen Regelstrecke nachgeführt werden. Dies läßt sich ebenfalls mit Hilfe eines Ausgangsgrößenvergleichs von zu identifizierender Strecke und Modell durchführen. Das Prinzip ist aus Bild 2/27 zu ersehen. Das Modell erhält die gleiche Eingangsgröße $y(t)$ wie die Strecke. Die Differenz der Ausgangsgrößen ε enthält eine Information darüber, wie weit die Eigenschaften von Modell und Strecke voneinander entfernt sind. Sie sollte im Idealfall identisch 0 sein, wenn nämlich das Modell genau das gleiche Übertragungsverhalten wie die Regelstrecke besitzt. Dieser Idealfall wird nur in besonders günstigen Fällen erreichbar sein. Meistens wird man das Modell nicht genau mit der gleichen Struktur der Strecke ausstatten können, z. B. dann nicht, wenn die Streckenstruktur zu kompliziert ist und aus

Kostengründen das Modell nur als vereinfachte Annäherung an die Strecke ausgebildet werden kann, besonders dann aber, wenn die Streckenstruktur nicht bekannt ist und das Modell von vornherein nur eine Art „Grundstruktur" erhalten kann.

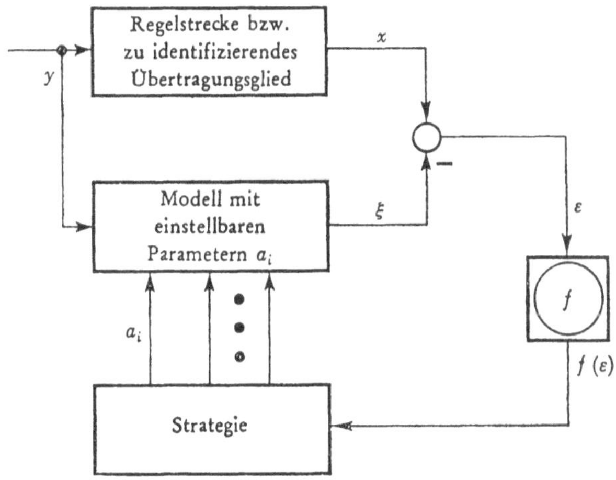

Bild 2/27
Identifikation mit selbsteinstellendem Bezugsmodell

In diesen Fällen wird $\varepsilon(t)$ von 0 abweichen. Man kann aber in diesen Fällen ein vernünftiges Maß für das Angepaßtsein des Modells einführen. Man definiert etwa eine gerade Funktion $f(\varepsilon)$ der Abweichung ε und erklärt das Minimum ihres Mittelwertes $\overline{f(\varepsilon)}$ zum optimalen Einstellungszustand des Modells.

Die gerade Funktion $f(\varepsilon)$ kann dabei z. B. ε^2 oder $|\varepsilon|$ sein. Die Bildung von $f(\varepsilon)$ gestattet es, über eine bestimmte Strategie die Parameter a_i des Modells systematisch in Richtung auf das Minimum von $f(\varepsilon)$ hin zu verändern. Ist dieser Zustand erreicht, so stellt das Modell im Sinne der gewählten Gütefunktion $f(\varepsilon)$ das optimale Abbild der Strecke dar. Es kann als mit der Strecke identisch angesehen werden. Die Strecke ist dadurch in ihren Eigenschaften erfaßt. Sämtliche zu identifizierenden Parameter können aus dem Modell herausgemessen und dem Entscheidungsprozeß zugeführt werden.

Verschiedene Varianten für solche selbsteinstellenden Bezugsmodelle seien in den folgenden Abschnitten behandelt. Die Realisierung der Modelle kann analog oder digital erfolgen.

2.2.2 Prinzip des Gradientenverfahrens

In einem Bereich des euklidischen $x_1, x_2, \ldots, x_n$-Raumes oder $\underline{x}$-Raumes sei eine Funktion $y = f(x_1, x_2, \ldots, x_n) = f(\underline{x})$ gegeben. Dann ist in irgendeinem Punkt $\underline{x}$ dieses Bereiches die Richtung der stärksten Änderung von

$f(x)$ durch grad f gegeben. Soll eine Kurve $\underline{x} = \underline{x}(t)$ im $\underline{x}$-Raum stets in Richtung des steilsten Abstiegs verlaufen, so muß für ihre Tangentenrichtung

$$\dot{\underline{x}} = \frac{\mathrm{d}\underline{x}}{\mathrm{d}t} = \begin{bmatrix} \mathrm{d}x_1/\mathrm{d}t \\ \vdots \\ \mathrm{d}x_n/\mathrm{d}t \end{bmatrix}$$

gelten,

$$\dot{\underline{x}} = -K \operatorname{grad} f \quad \text{bzw.} \quad \dot{x}_i = -K \frac{\partial f}{\partial x_i}, \quad i = 1, \ldots, n, \tag{2.25}$$

wobei K eine nichtnegative Funktion von t ist.
Will man K näher bestimmen, so kann man zur Betragsgleichung übergehen:

$$|\dot{\underline{x}}| = |K| \, |\operatorname{grad} f|.$$

Hierin ist

$$|\dot{x}| = \sqrt{\sum_{\nu=1}^{n} \left(\frac{\mathrm{d}x_\nu}{\mathrm{d}t}\right)^2} = \sqrt{\frac{\sum_{\nu=1}^{n} \mathrm{d}x_\nu^2}{\mathrm{d}t^2}} = \frac{\mathrm{d}s}{\mathrm{d}t}, \tag{2.26}$$

wo s die Bogenlänge der Kurve ist.
Man erhält so

$$|K| = \frac{\frac{\mathrm{d}s}{\mathrm{d}t}}{|\operatorname{grad} f|} = \frac{\frac{\mathrm{d}s}{\mathrm{d}t}}{\sqrt{\sum_{\nu=1}^{n} \left(\frac{\partial f}{\partial x_\nu}\right)^2}}. \tag{2.27}$$

Setzt man dies in (2.25) ein, so ergibt sich

$$\frac{\mathrm{d}x_i}{\mathrm{d}t} = -\frac{\frac{\mathrm{d}s}{\mathrm{d}t}}{\sqrt{\sum_{\nu=1}^{n} \left(\frac{\partial f}{\partial x_\nu}\right)^2}} \cdot \frac{\partial f}{\partial x_i}$$

oder

$$\frac{\mathrm{d}x_i}{\mathrm{d}s} = -\frac{\frac{\partial f}{\partial x_i}}{\sqrt{\sum_{\nu=1}^{n} \left(\frac{\partial f}{\partial x_\nu}\right)^2}}, \quad i = 1, \ldots, n. \tag{2.28}$$

Dies ist ein System von n gewöhnlichen Differentialgleichungen zur Bestimmung der Kurven des steilsten Abstiegs, und zwar mit der Bogenlänge s als Parameter.

2.2.3 Selbsteinstellendes Bezugsmodell mit Verzögerung und Totzeit

Eine ganze Reihe von Regelstrecken, besonders in der Verfahrenstechnik, läßt sich in guter Annäherung durch ein Ersatzübertragungsglied mit einer Totzeit T_t und einer Verzögerung 1. Ordnung mit der Zeitkonstante T und der stationären Verstärkung V beschreiben.
Von RAKE [2.6] wurde näher untersucht, wie sich ein solches Übertragungsglied als selbsteinstellendes Bezugsmodell einsetzen läßt. Wie im Bild 2/27 angegeben, wird das Bezugsmodell mit der gleichen Eingangsgröße $y(t)$ wie das zu identifizierende Übertragungsglied versehen. Dieses möge durch den Operator $F_s(s)$ beschrieben sein, während das Modell durch $F_\mu(s)$ beschrieben ist.
Die Differenz

$$\varepsilon(t, a_i) = x(t) - \xi(t, a_i)$$

hängt von t unmittelbar wie auch über die Parameter $a_i = a_i(t)$ ab. Schaltet man ε auf einen Tiefpaß, so bleiben nur die langsam veränderlichen Einwirkungen der a_i erhalten. Es gilt also

$$\bar{\varepsilon}(a_i) = -\bar{\xi}(a_i), \qquad (2.29)$$

wenn man $\bar{x}$ durch geeignete Wahl des Koordinatensystems zu Null macht.
Als Strategie zur Veränderung der Modellparameter a_i möge das Gradientenverfahren verwendet werden, das durch

$$\frac{\mathrm{d}a_i}{\mathrm{d}t} = -K\,\frac{\partial f(\bar{\varepsilon}(a_i))}{\partial a_i}$$

charakterisiert ist. Diese Beziehung ist anschaulich zu interpretieren. Sie bedeutet, daß die Änderungsgeschwindigkeit der Parameter a_i proportional der Abhängigkeit der Fehlerfunktion $f(\bar{\varepsilon})$ von den a_i gemacht wird. Je empfindlicher $f(\bar{\varepsilon})$ auf einen Parameter a_k reagiert, desto stärker ist seine Änderungsgeschwindigkeit. Ist $f(\bar{\varepsilon})$ etwa von a_1 zehnmal so stark abhängig wie von a_2, so wird a_1 auch zehnmal so schnell verändert. Es ist daraus leicht einzusehen, daß $f(\bar{\varepsilon})$ damit in Richtung des steilsten Gefälles auf das angestrebte Minimum hin verändert wird, so daß der Name Gradientenverfahren verständlich wird.
Sinnvoll ist ferner auch, daß die Veränderung der a_i gleich 0 wird, wenn sich $f(\bar{\varepsilon})$ nicht mehr mit den a_i ändert, also im Minimum $\frac{\partial f(\bar{\varepsilon})}{\partial a_i} = 0$ wird.
Vorausgesetzt werden muß allerdings, daß $f(\bar{\varepsilon})$ nur ein einziges ausgeprägtes Minimum besitzt, so daß das System sich nicht in einem Nebenminimum falsch einstellen kann.

Die Parameter a_i des Bezugsmodells sollen also nach dem Gradientenverfahren verstellt werden.
Daher gilt

$$a_i(t) = -K\int\frac{\partial f(\bar{\varepsilon})}{\partial a_i}\,\mathrm{d}t = -K\int\frac{\mathrm{d}f}{\mathrm{d}\varepsilon}\cdot\frac{\partial\bar{\varepsilon}}{\partial a_i}\,\mathrm{d}t$$

oder mit (2.29)

$$a_i(t) = +K\int\frac{\mathrm{d}f}{\mathrm{d}\varepsilon}\,\frac{\partial\bar{\xi}}{\partial a_i}\,\mathrm{d}t. \tag{2.30}$$

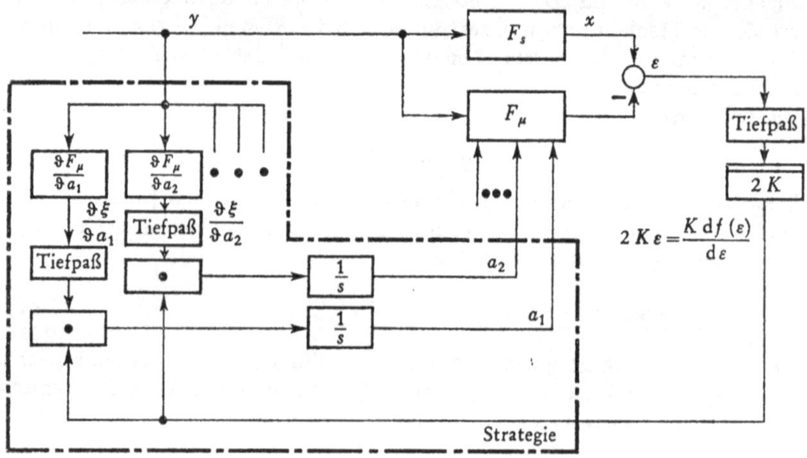

Bild 2/28
Selbsteinstellendes Bezugsmodell und Prinzip der Einstellstrategie

Der erste Term des Produktes $\frac{\mathrm{d}f}{\mathrm{d}\varepsilon}$ hängt nun von dem gewählten $f(\varepsilon)$ ab. Ist etwa, wie hier angenommen werden soll, $f(\varepsilon) = \varepsilon^2$, so muß $\frac{\mathrm{d}f}{\mathrm{d}\varepsilon} = 2\varepsilon$ eingeführt werden.
Der zweite Term des Produktes $\frac{\mathrm{d}\xi}{\partial a_i}$ wird folgendermaßen ermittelt. Als Ausgang $\Xi(s)$ des Modells erhält man

$$\Xi(s) = Y(s)\,F_\mu(a_i, s). \tag{2.31}$$

Hieraus folgt, da $y(t)$ nicht von a_i abhängt,

$$\frac{\partial\,\Xi(s)}{\partial a_i} = Y(s)\,\frac{\partial}{\partial a_i}\,F_\mu(a_i, s). \tag{2.32}$$

Um die Zeitfunktion $\frac{\partial \xi}{\partial a_i}(t)$ zu erhalten, führt man also einem Übertragungsglied mit der Übertragungsfunktion $\frac{\partial}{\partial a_i} F_\mu(a_i, s)$ die Eingangsgröße $y(t)$ zu. Die Ausgangsgröße ist dann $\frac{\partial \bar{\xi}}{\partial a_i}(t)$. Das Produkt $\frac{\mathrm{d}f(\varepsilon)}{\mathrm{d}\varepsilon} \cdot \frac{\partial \bar{\xi}}{\partial a_i}$ ist damit bestimmt. Den prinzipiellen Aufbau der Struktur der Selbsteinstellung zeigt Bild 2/28.

Das konkrete Aussehen der Einstellstrategie hängt nun von der Wahl der Funktion $F_\mu(s)$ des Modells ab. Wie eingangs gesagt wurde, ist eine sehr gebräuchliche Annäherung an viele Regelstrecken ein Übertragungsglied mit Totzeit und Verzögerung, also mit der Übertragungsfunktion

$$F_\mu(s) = \frac{V}{1 + Ts} e^{-sT_t}. \tag{2.33}$$

Wird ein Bezugsmodell mit dieser Struktur gewählt, so hat man also die drei einstellbaren Parameter

$$\begin{aligned} a_1 &= V, \\ a_2 &= T, \\ a_3 &= T_t. \end{aligned} \tag{2.34}$$

Die Bildung der Funktionen $\frac{\partial}{\partial a_i} F_\mu(a_i, s)$ liefert dann

$$\begin{aligned} \frac{\partial F_\mu}{\partial V} &= \frac{e^{-sT_t}}{1 + Ts} = \frac{F_\mu}{V}, \\ \frac{\partial F_\mu}{\partial V} &= -\frac{V s e^{-sT_t}}{(1 + Ts)^2} = -F_\mu \frac{s}{1 + Ts}, \\ \frac{\partial F_\mu}{\partial T_t} &= -sF_\mu. \end{aligned} \tag{2.35}$$

Man muß also Übertragungsglieder mit den Übertragungsfunktionen $\frac{F_\mu}{V}$ bzw. $-\frac{F_\mu}{1 + Ts}$ bzw. $-s \cdot F_\mu$ realisieren und diese mit der Eingangsfunktion $y(t)$ versehen, um [entsprechend (2.32)] die für die Beziehung (2.30) erforderlichen Größen $\frac{\partial \bar{\xi}}{\partial V}$ bzw. $\frac{\partial \bar{\xi}}{\partial T}$ bzw. $\frac{\partial \bar{\xi}}{\partial T_t}$ zu erhalten.

Die endgültige Struktur nimmt also die Form von Bild 2/29 an.

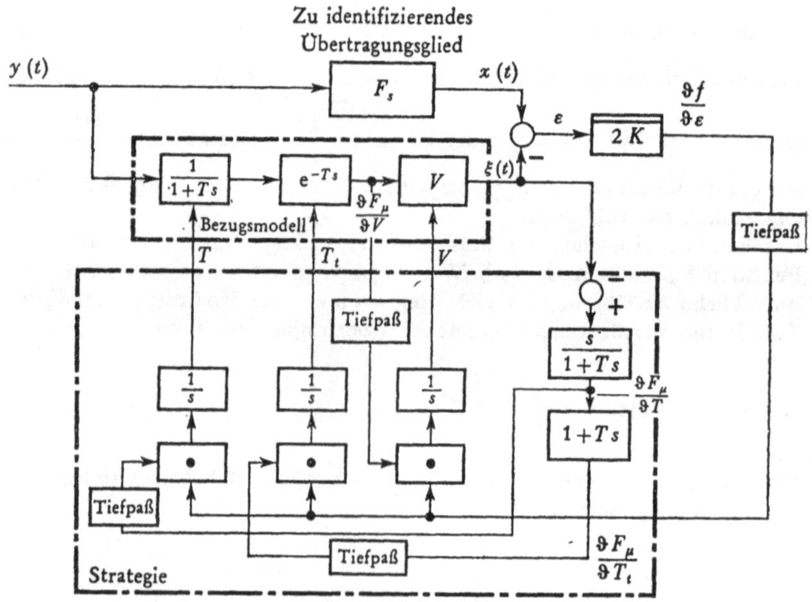

Bild 2/29

Bezugsmodelleinstellung nach dem Gradientenverfahren

2.2.4 Selbsteinstellendes reziprokes Bezugsmodell

Ein Verfahren für ein selbsteinstellendes Bezugsmodell, das eine Kompensation der Strecke darstellt, also eine reziproke Übertragungsfunktion aufweist, wird von Maršik in [2.7, 2.8] angegeben.
Es sei anhand einer Streckenübertragungsfunktion

$$(2.36) \qquad S(s) = \frac{1}{s^3 + A s^2 + B s + C}$$

behandelt. Die Parameter A, B, C seien die unbekannten, zu identifizierenden Streckengrößen. Bild 2/30 zeigt, wie das aus zwei Teilen bestehende Bezugsmodell der Strecke hinzugefügt wird. Der Teil mit der Übertragungsfunktion

$$(2.37) \qquad G_1(s) = \frac{s^3 + \alpha s^2 + \beta s + \gamma}{s^3 + a s^2 + b s + c}$$

soll mit seinen Parametern α, β, γ so eingestellt werden, daß $\alpha = A$, $\beta = B$, $\gamma = C$ ist, so daß der Zähler von $G_1(s)$ die Strecke kompensiert. Aus Gründen der Realisierbarkeit ist bei $G_1(s)$ noch eine Nennerfunktion mit den wählbaren festen Parametern a, b, c eingeführt.
Die gleiche Eingangsgröße wie die Reihenschaltung von $S(s)$ und $G_1(s)$ erhält der zweite Teil des Modells, der die Übertragungsfunktion

$$G_2(s) = \frac{1}{s^3 + as^2 + bs + c} \tag{2.38}$$

besitzt, also gerade durch die Nennerfunktion von $G_1(s)$ charakterisiert ist. Ist das Modell auf $\alpha = A$, $\beta = B$, $\gamma = C$ eingestellt, so werden die Ausgangsgrößen x_{a1} und x_{a2} der beiden Modellteile gleich groß sein und ihre Differenz ε wird verschwinden.

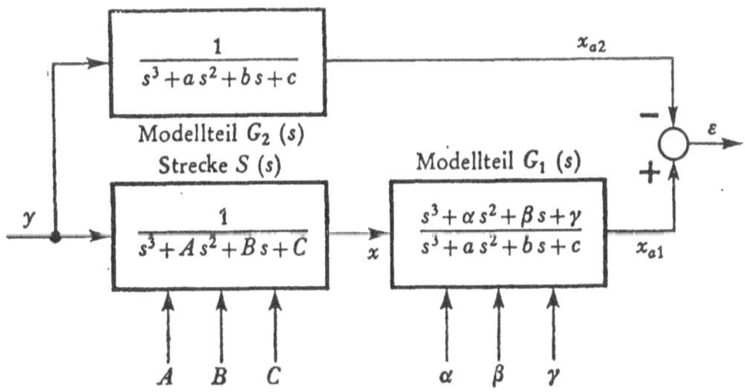

Bild 2/30
Einfügung des reziproken Modells

Als Strategie, nach der die Parameter α, β, γ des Modells auf das Minimum der gewählten Gütefunktion $f(\varepsilon) = \varepsilon^2$ hin verstellt werden, wird das Gradientenverfahren mit

$$\begin{aligned} \dot{\alpha} &= -K\frac{\partial f(\varepsilon)}{\partial \alpha} = -K\,2\varepsilon\frac{\partial \varepsilon}{\partial \varphi}, \\ \dot{\beta} &= -K\frac{\partial f(\varepsilon)}{\partial \beta} = -K\,2\varepsilon\frac{\partial \varepsilon}{\partial \beta}, \\ \dot{\gamma} &= -K\frac{\partial f(\varepsilon)}{\partial \gamma} = -K\,2\varepsilon\frac{\partial \varepsilon}{\partial \gamma} \end{aligned} \tag{2.39}$$

benutzt. Während sich die in (2.39) erforderliche Größe $\frac{\partial f(\varepsilon)}{\partial \varepsilon} = 2\varepsilon$ unmittelbar aus der Struktur von Bild 2/30 bilden läßt, müssen die Ableitungen von ε nach α, β, γ auf folgende Weise ermittelt werden. Aus der Struktur folgt für die Laplace-Transformierte von $\varepsilon(t)$

$$
\begin{aligned}
E(s) &= \frac{1}{s^3 + A s^2 + B s + C} \cdot \frac{s^3 + \alpha s^2 + \beta s + \gamma}{s^3 + a s^2 + b s + c} Y(s) \\
&\quad - \frac{1}{s^3 + a s^2 + b s + c} Y(s) \qquad (2.40) \\
&= \frac{Y(s)}{s^3 + a s^2 + b s + c} \left(\frac{s^3 + \alpha s^2 + \beta s + \gamma}{s^3 + A s^2 + B s + C} - 1 \right).
\end{aligned}
$$

Daraus folgen mit:

$$
G(s) = \frac{1}{s^3 + a s^2 + b s + c} \cdot \frac{1}{s^3 + A s^2 + B s + C} \qquad (2.41)
$$

die Beziehungen

$$
\begin{aligned}
\frac{\partial E(s)}{\partial \alpha} &= \frac{Y(s)}{s^3 + a s^2 + b s + c} \, \frac{s^2}{s^3 + A s^2 + B s + C} \\
&= Y(s) \cdot G(s)\, s^2, \\
\frac{\partial E(s)}{\partial \beta} &= Y(s) \cdot G(s)\, s, \qquad (2.42) \\
\frac{\partial E(s)}{\partial \gamma} &= Y(s) \cdot G(s) \cdot 1.
\end{aligned}
$$

Die gesuchten Zeitfunktionen $\frac{\partial \varepsilon}{\partial \alpha}(t)$, $\frac{\partial \varepsilon}{\partial \beta}(t)$, $\frac{\partial \varepsilon}{\partial \gamma}(t)$ können also am Ausgang der Übertragungsglieder $G(s) \cdot s^2$, $G(s) \cdot s$, $G(s)$ denen die Eingangsfunktion $y(t)$ zugeführt wird, abgenommen werden. Dies ist im Bild 2/31 gezeigt.

$G(s)$ enthält nun, wie die Beziehung (2.41) zeigt, noch die unbekannten Größen A, B, C. Die Erzeugung eines Übertragungsgliedes $G(s) \cdot s^2$ mit der Eingangsgröße $y(t)$ kann aber so durchgeführt werden, daß das Übertragungsverhalten der Strecke mitbenutzt wird. Man muß dann die Ausgangsgröße x der Strecke auf ein Übertragungsglied mit der Übertragungsfunktion $G^*(s) = \frac{s^2}{s^3 + a s^2 + b s + c}$ führen, um an dessen Ausgang die Größe $\frac{\partial \varepsilon}{\partial \alpha}(t)$ zu erhalten. Die resultierende Struktur ist im Bild 2/32 gezeigt.

Eine neuere Anwendung des Verfahrens von MARŠIK auf eine adaptive Antriebsregelung ist in [2.12] beschrieben.

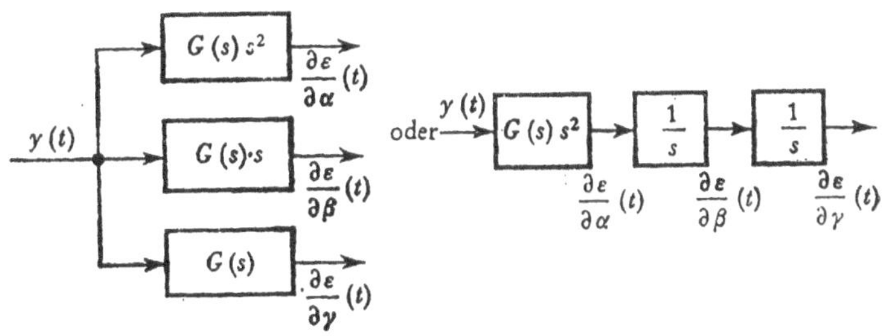

Bild 2/31

Erzeugung der Ableitungen der Fehlerfunktion

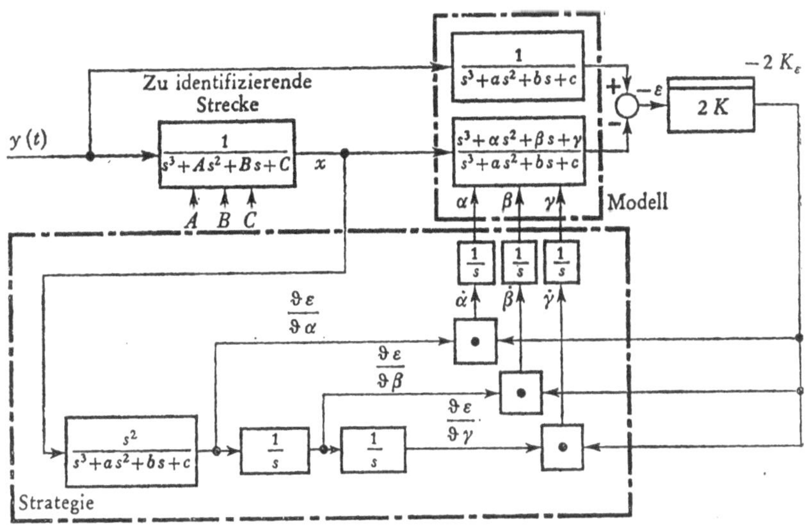

Bild 2/32

Selbsteinstellendes reziprokes Bezugsmodell

2.2.5 Algorithmisches Bezugsmodellverfahren nach Kalman

Die Methode von KALMAN [2.20] geht aus von der Impulsübertragungsfunktion des zu identifizierenden Systems

$$G(z) = \frac{C(z)}{M(z)} = \frac{a_0 + a_1 z^{-1} + \cdots + a_n z^{-n}}{1 + b_1 z^{-1} + \cdots + b_n z^{-n}} \tag{2.43}$$

der veränderlichen, zu identifizierenden Struktur. Der Impulsübertragungsfunktion entspricht die Differenzengleichung

$$
\begin{aligned}
(2.44)\qquad & c_k + b_1 c_{k-1} + \cdots + b_n c_{k-n} \\
& = a_0 m_k + a_1 m_{k-1} + a_2 m_{k-2} + \cdots + a_n m_{k-n},
\end{aligned}
$$

die den Zusammenhang zwischen den abgetasteten Zeitfunktionen des Eingangs m und Ausgangs c des Übertragungsgliedes darstellt. Gleichung (2.44) läßt sich auflösen nach c_k:

$$
\begin{aligned}
(2.45)\qquad & c_k = a_0 m_k + a_1 m_{k-1} + a_2 m_{k-2} + \cdots \\
& + a_n m_{k-n} - b_1 c_{k-1} - \cdots - b_n c_{k-n}.
\end{aligned}
$$

Kalman führt sein Verfahren mit $n = 2$ durch, d. h., er approximiert die Struktur durch ein System 2. Ordnung. Schon hierfür wird der rechnerische Aufwand beachtlich, so daß die Durchführung des Verfahrens für höhere Ordnungen wohl nur theoretischen Wert haben dürfte.

Der Grundgedanke des Verfahrens besteht in folgendem. Angenommen, man hätte die Koeffizienten a_i, b_i zu einem bestimmten Zeitpunkt N als bekannte Zahlenwerte $a_i(N)$, $b_i(N)$ bereits errechnet, so könnte man hiermit durch die Gleichung (2.45) leicht alle zurückliegenden Werte c_k als c_k^* errechnen. Hätte man fernerhin alle zurückliegenden c_k meßtechnisch bestimmt, so wäre es möglich, den Zahlenwert einer Fehlerfunktion

$$(2.46)\qquad E = \sum_{k=0}^{N} (c_k - c_k^*(N))^2$$

zu ermitteln, die ein Maß für die Güte ist, mit der das System (2.43) durch die Approximation mit $n = 2$ angenähert wird. Um die länger zurückliegenden Werte c_k und c_k^* weniger zu bewerten, ist auch noch die Einführung einer monoton fallenden Bewertungsfunktion w denkbar. Die Fehlerfunktion hat dann die Form

$$(2.47)\qquad E = \sum_{k=0}^{N} (c_k - c_k^*(N))^2\, w_k.$$

Die Beziehung (2.47) ist also vom Typ

$$(2.48)\qquad E + f(c_k, a_0(N), \ldots, b_1(N), \ldots, m_k, \ldots, c_{k-1}, \ldots).$$

Falls die $a_i(N)$, $b_i(N)$ jedoch nicht gegeben sind, bietet die Minimierung des Fehlers E eine Basis zu ihrer Bestimmung. Für das Minimum der Fehlerfunktion E in der Beziehung (2.48) müssen die notwendigen Bedingungen

$$(2.49)\qquad \frac{\partial E}{\partial a_i} = 0, \qquad \frac{\partial E}{\partial b_i} = 0, \qquad i = 1, 2, \ldots, n$$

erfüllt sein. Wendet man Gleichung (2.49) auf die Funktion (2.48) an, so erhält man ein lineares Bestimmungsgleichungssystem für die a_i und b_i. Die daraus zu gewinnenden Werte für die Koeffizienten a_i und b_i erfüllen die notwendigen Bedingungen dafür, daß die Approximation 2. Ordnung mit diesen Koeffizientenwerten das vorliegende Übertragungsglied so annähert, daß die Fehlerfunktion (2.48) ein Minimum aufweist.
Die Lösung des linearen Bestimmungsgleichungssystems für die Koeffizienten muß in konkreten adaptiven Anlagen sehr schnell "on line" durchgeführt und periodisch in ausreichenden Intervallen wiederholt werden. Hierzu ist ein beachtlicher Rechenaufwand erforderlich. Wenn die a_i und b_i dann bereits einige Male errechnet worden sind, kann man den Aufwand dadurch etwas mindern, daß man die zuletzt errechneten Werte als erste Lösung für eine GAUSS-SEIDEL-Iteration benutzt, um die inzwischen veränderten a_i und b_i neu zu bestimmen.

2.3 Erfassung eines Güteindexes

Zur Beurteilung der Qualität von Regelkreiseinstellungen werden häufig Güteindizes herangezogen. Ein bestimmter Wert, oftmals der Extremwert, des Güteindexes gibt den angestrebten optimalen Einstellungszustand des Regelungssystems an. Ändern sich nun Eigenschaften der Regelstrecke, so wird zur Beibehaltung dieses optimalen Zustands eine Veränderung der Einstellung der Reglereigenschaften bzw. der Eingangsgrößen erforderlich sein. Das System kann jedoch nur adaptieren, wenn sich der Güteindex jeweils erfassen läßt. Die Identifikationsaufgabe besteht hier also in der Erfassung des Güteindexes, wobei es bei Extremwertindizes unter Umständen genügt, zu erfassen, ob der Güteindex sich im Extremum befindet oder nicht.

2.3.1 Erfassung von Kennlinienextremen und natürlichen Güteindizes

Eine besonders anschauliche Form eines Güteindexes stellen die natürlichen Indizes, etwa Wirkungsgrade, dar.
Zum Beispiel tritt ein solcher Güteindex in der synthetischen Kautschukproduktion auf. Hier werden Rektifikationskolonnen zur Trennung von Wasser-Äthylalkohol-Gemischen eingesetzt [2.9]. Die erzeugte Destillatmenge Q_1 hängt ab von dem Heizdampfverbrauch Q_2, von der Konzentration des Ausgangsgemisches Q, von der Temperatur T und vom statischen Druck p in der Kolonne. Den Zusammenhang zwischen $y = \frac{Q_1}{Q_2}$ und den Größen T und Q findet man im Bild 2/33 aufgetragen, wobei die anderen Einflußgrößen konstant gehalten worden sind. Der Quotient $y = \frac{Q_1}{Q_2}$ stellt als

Verhältnis von produzierter Menge zu Heizdampfverbrauch einen Wirkungsgrad dar. Man erkennt, daß für ein bestimmtes Q dieser Wirkungsgrad bei einer ganz bestimmten Temperatur sein Maximum erhält, das den optimalen Zustand des Systems darstellt.

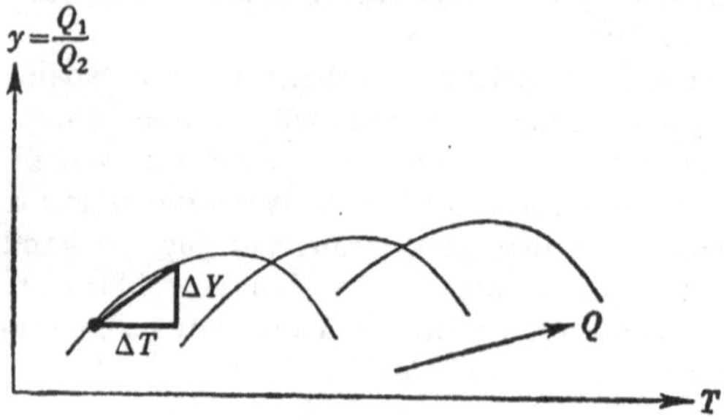

Bild 2/33
Güteindex Q_1/Q_2
in Abhängigkeit von T und Q

Die Erfassung dieses Güteindexes kann nun z. B. durch einen einfachen Testschritt ΔT erfolgen. Hierbei wird sich y um Δy verändern. Das Verhältnis $\frac{\Delta y}{\Delta T}$ enthält dann eine Information darüber, ob der Maximalwert erreicht ist oder nicht. Ist $\frac{\Delta y}{\Delta T}$ positiv, so ist die Temperatur offenbar zu klein und das Maximum der Funktion ist durch Steigerung von T zu erreichen. Ist $\frac{\Delta y}{\Delta T}$ negativ, so führt eine Verringerung von T auf das Maximum hin. Hat $\frac{\Delta y}{\Delta T}$ den Wert 0, so befindet man sich im Extremum, und das System ist optimal eingestellt.

In manchen Fällen wird man die unabhängige Variable x (im vorstehenden die Temperatur T) gezielt nach einer bestimmten Zeitfunktion, etwa einer Rampenfunktion, beeinflussen können. Statt des Testschrittes Δx und der Erfassung von Δy kann dann der Zusammenhang $\frac{\mathrm{d}y}{\mathrm{d}x} = \frac{\dot{y}}{\dot{x}}$ ausgenutzt werden, der mit $\dot{x} = K$ auf die Beziehung $\frac{\mathrm{d}y}{\mathrm{d}x} = \frac{\dot{y}}{K}$, also auf einfache Messung von $\dot{y}$ zur Lösung der Identifikation führt.

2.3.2 Integralkriterien

Aus der klassischen Regelungstechnik her ist die Benutzung von Integralkriterien zur Errechnung optimaler Parameterwerte des Reglers bekannt. Sie beziehen sich meist auf die Regeldifferenz x_d bei sprungförmiger Erregung der Regelgröße. So wird bei der sogenannten quadratischen Regelfläche für optimale Einstellung des Systems gefordert, daß $Q = \int_0^\infty x_d^2 \mathrm{d}t$ zu einem Minimum gemacht wird, wobei unter x_d nur die dynamische Regeldifferenz zu verstehen ist.

Bei dem ITAE-Kriterium wird diese Forderung an $Q = \int_0^\infty t|x_d| \mathrm{d}t$ gestellt. Ebenfalls gebräuchlich ist das Kriterium der linearen Regelfläche $Q = \int_0^\infty x_d \mathrm{d}t$, bei dem noch die Zusatzbedingung $0 \leqq x_d \leqq 1$ erfüllt sein muß.

In adaptiven Regelungssystemen mit veränderlichen Streckeneigenschaften werden sich jedoch auch die optimalen Parameterwerte des Reglers ändern und müssen adaptiert werden.

Voraussetzung hierfür ist, daß der Güteindex durch die Identifikation ständig erfaßt werden kann. Diese Identifikation kann in manchen Fällen so erfolgen, daß man die Einführungsgröße w sprungförmig verändert und das Integral bis zu einem genügend großen T integriert, um den Güteindex annähernd zu bestimmen. Hierbei wird der w-Sprung nicht sehr groß sein können. Durch mehrmalige Wiederholung dieser Prozedur mit jeweils gezielt veränderten Reglereinstellungen wird dann der Adaptionsprozeß durchgeführt.

In anderen Fällen kann man die Gewichtsfunktionen $g(t)$ der Strecke ermitteln (siehe Abschnitt 2.4.1) und den Güteindex hiermit errechnen. Für die lineare Regelfläche etwa erhält man ihn näherungsweise mit

$$Q = \int_0^T x_d \mathrm{d}t = \int_0^T 1 \mathrm{d}t - \int_0^T \left(\int_0^t g(\tau) \mathrm{d}\tau \right) \mathrm{d}t, \tag{2.50}$$

$$Q = T - \int_0^T \left(\int_0^t g(\tau) \mathrm{d} \right) \mathrm{d}t.$$

Vorausgesetzt ist dabei, wie schon oben bemerkt, daß die stationäre Regelabweichung Null ist.

2.3.3 Kenndatenindizes

Bei dem gewählten Güteindex kann es sich auch um einen Kenndatenindex handeln. So kann man z. B. die Überschwingweite oder die Anregelzeit der Sprungantwort eines Regelkreises auf einem festen Wert halten wollen, auch wenn sich die Eigenschaften der Regelstrecke verändern. Die Identifikationsaufgabe besteht hier in der Erfassung eines solchen Kenndaten- oder Festwertindexes. Die Lösung dieses Problems hängt von der Art des gewählten Güteindexes ab und kann große Schwierigkeiten bereiten. Allgemeine Lösungsmethoden lassen sich nicht angeben.

2.4 Strukturerkennung

Die Aufgabe der Identifikation wird bei adaptiven Regelungen besonders aufwendig, wenn man keine apriori-Kenntnisse über das Verhalten der Regelstrecke besitzt, wenn also etwa die Struktur der Regelstrecke unbekannt ist.

In gewissen Fällen können auch hier noch selbsteinstellende Bezugsmodelle zur Lösung des Erkennungsproblems benutzt werden. Daneben hat man aber zugkräftige Verfahren unter Benutzung statistischer Methoden entwickelt, von denen insbesondere die im folgenden behandelte Kreuzkorrelationsmethode große Bedeutung erhalten hat.

2.4.1 Bemerkungen zur Anwendung statistischer Verfahren

Die Anwendung statistischer Methoden bietet insbesondere deshalb Vorteile, weil bei ihnen auf die Störung der zu identifizierenden Übertragungsglieder mit z. B. sprung- oder sinusförmigen Anregungen verzichtet werden kann. Die benutzten Störungen üben, da sie üblicherweise Rauschcharakter besitzen, keinen den Betrieb einer Anlage wesentlich störenden Einfluß aus.

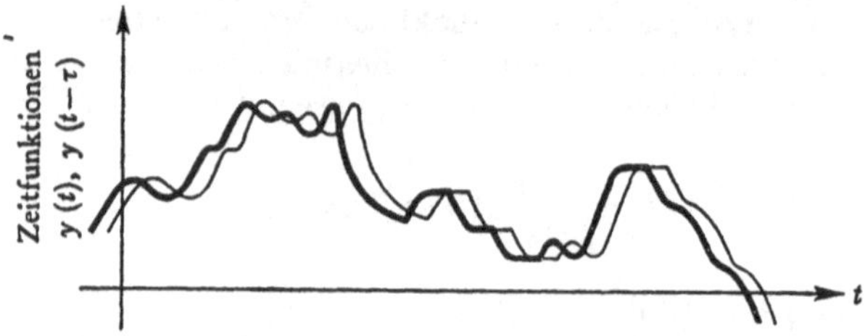

Bild 2/34
Stochastische Zeitfunktion

Solche Störungen lassen sich jedoch nicht mehr mit den üblichen mathematischen Hilfsmitteln beschreiben. Da ihre Momentanwerte nicht deterministisch sind, sondern Zufallscharakter besitzen, spricht man von *stochastischen* Zeitfunktionen. Man kann für solche Funktionen zwar Amplituden-, Leistungsspektren, quadratische Mittelwerte und ähnliches angeben, dadurch wird aber noch keine zugkräftige Methodik entwickelt. Diese entsteht erst durch die Frage nach dem „inneren Zusammenhang" zwischen den Momentanwerten einer Zeitfunktion oder mehrerer Zeitfunktionen. Stellt man sich etwa die Frage, ob man mit einer gewissen Wahrscheinlichkeit die Momentanwerte einer Funktion $y(t-\tau)$ vorhersagen kann, wenn man die Funktionswerte von $y(t)$ kennt, so wird die Antwort darauf lauten, daß diese Wahrscheinlichkeit um so größer sein wird, je geringer die Verschiebung τ ist (Bild 2/34). Für $\tau = 0$ wird man stets die richtigen Werte für $y(t-\tau)$ angeben können.

Je größer τ wird, desto mehr wird die Wahrscheinlichkeit einer richtigen Vorhersage von $y(t-\tau)$ aus der Kenntnis von $y(t)$ sinken. Dies liegt an dem „inneren Zusammenhang" der Funktionswerte, an ihrem „Verwandtschaftsgrad". Man kann diesen Verwandtschaftsgrad mathematisch durch die sogenannte *Autokorrelationsfunktion* (*AKF*)

$$\Phi(\tau) = \lim_{T\to\infty} \int_{-T}^{+T} y(t)\, y(t-\tau)\, \mathrm{d}t \qquad (2.51)$$

fassen. Sie stellt ein Maß für den Verwandtschaftsgrad der Funktionswerte von $y(t)$ untereinander dar. Eine typische Form von $\Phi_{yy}(\tau)$ ist in Bild 2/35 gezeigt. Es handelt sich um eine gerade, um die Gerade $\tau = 0$ symmetrische Funktion, die mit wachsendem $|\tau|$ monoton abfällt.

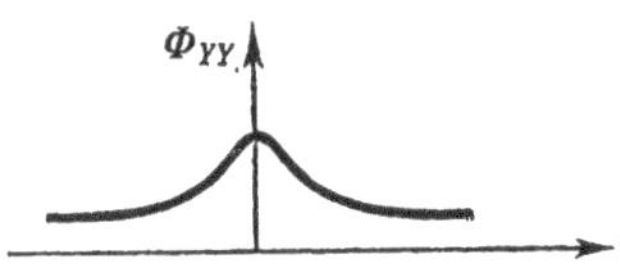

Bild 2/35
Typische Form
einer Autokorrelationsfunktion

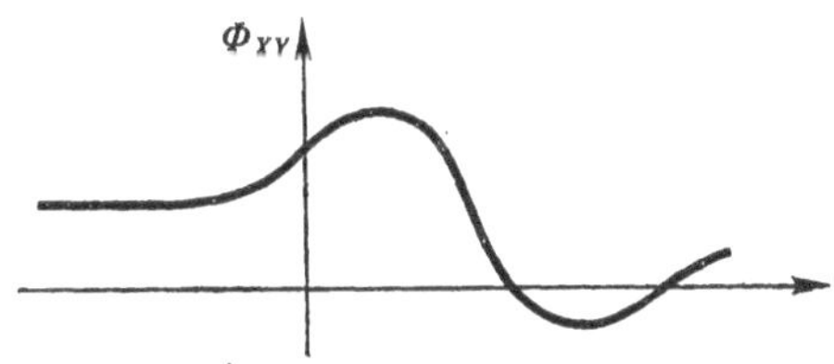

Bild 2/36
Beispiel für eine Kreuzkorrelationsfunktion

Eine stochastische, analytisch nicht beschreibbare Zeitfunktion $y(t)$ ist also nun durch eine glatte, häufig analytisch zu fassende Funktion $\varphi_{yy}(\tau)$ charakterisiert.
In gleicher Weise kann der „innere Zusammenhang", der „Verwandtschaftsgrad" zweier stochastischer Zeitfunktionen $x(t)$ und $y(t)$ durch eine sogenannte *Kreuzkorrelationsfunktion KKF*

$$\Phi_{xy}(\tau) = \lim_{T\to\infty} \int_{-T}^{+T} x(t)\, y(t-\tau)\, \mathrm{d}t \qquad (2.52)$$

ausgedrückt werden. Bild 2/36 zeigt ein Beispiel für eine derartige, im allgemeinen ungerade Funktion. Wenn zwei Funktionen eine stärkere innere Verwandtschaft besitzen, so wird $\varphi_{xy}(\tau)$ erstens größer sein als bei zwei nicht korrelierten Funktionen, zweitens wird $\varphi_{xy}(\tau)$ mit wachsenden τ nicht so schnell absinken wie bei zwei Funktionen, die nicht miteinander verwandt sind. Die Form der KKF ist also ein Maß für den Verwandtschaftsgrad, für den Abhängigkeitsgrad zweier Funktionen.
Einen besonders großen Verwandtschaftsgrad besitzen aber die Eingangs- und die Ausgangsgröße eines Übertragungssystems. Die Ausgangsgröße

ist ja durch die Eingangsgröße erzeugt. Beide sind also stark korreliert. Die Korrelationsfunktion muß dies ausdrücken. Sie muß ferner eine Information über die Art des Übertragungsgliedes enthalten, das die Eingangsfunktion in die Ausgangsfunktion umformt. Es muß möglich sein, aus der KKF etwa auf die Gewichtsfunktion $g(t)$ des Übertragungsgliedes zurückzuschließen. Dies wird in der im folgenden Abschnitt besprochenen Methode ausgeführt.

2.4.2 Kreuzkorrelationsmethode zur Ermittlung der Gewichtsfunktion

Die 1953 von Lee angegebene Kreuzkorrelationsmethode, die von Anderson, Buland und Cooper 1959 auf das Adaptionsproblem eines Flugzeugautopiloten angewandt wurde, setzt einen stationären ergodischen Prozeß voraus und geht von der Kreuzkorrelationsfunktion der Eingangsgröße $f_E(t)$ und der Ausgangsgröße $f_A(t)$ des durch seine Gewichtsfunktion $g(t)$ charakterisierten Übertragungsgliedes aus [2.21]. Setzt man in diese Funktion

$$\varphi_{EA}(\tau) = \lim_{T\to\infty} \frac{1}{2T} \int_{-T}^{+T} f_E(t-\tau)\, f_A(\tau)\, dt \tag{2.53}$$

den durch das Duhamel-Integral gegebenen Zusammenhang zwischen $f_E(t)$ und $f_A(t)$,

$$f_A(t) = \int_{-\infty}^{\infty} g(x)\, f_E(t-x)\, dx, \tag{2.54}$$

ein, so erhält man

$$\varphi_{EA}(\tau) = \lim_{T\to\infty} \frac{1}{2T} \int_{-T}^{+T} f_E(t-\tau) \left[\int_{-\infty}^{\infty} g(x)\, f_E(t-x)\, dx\right] dt. \tag{2.55}$$

Vertauscht man die Reihenfolge der Integrationen, so ergibt sich der Ausdruck

$$\varphi_{EA}(\tau) = \int_{-\infty}^{\infty} g(x) \left[\lim_{T\to\infty} \frac{1}{2T} \int_{-T}^{T} f_E(t-\tau)\, f_E(t-x)\, dt\right] dx \tag{2.56}$$

oder

$$\varphi_{EA}(\tau) = \int_{-\infty}^{\infty} g(x)\, \varphi_{EE}(\tau - x)\, dx = \int_{-\infty}^{+\infty} g(x)\, \varphi_{EE}(x-\tau)\, dx, \tag{2.57}$$

da die Autokorrelation so eine gerade Funktion ist.

Speist man als Eingangsgröße $f_E(t)$ weißes Rauschen ein, so ist $\varphi_{EE}(\tau) = N\delta(\tau)$.

Es wird dann

$$\varphi_{EA}(\tau) = N \int_{-\infty}^{+\infty} g(x)\,\delta(x-\tau)\,\mathrm{d}x = N g(\tau).$$

Ein Blockdiagramm der Identifikation ist im Bild 2/37 gezeigt. Ein Rauschgenerator speist in den unbekannten Prozeß weißes Rauschen ein. Durch Bildung der Kreuzkorrelationsfunktion zwischen dem Rauschsignal und der Ausgangsfunktion $f_A(t)$ entsteht also für die Verschiebung τ im Kreuzkorrelator der Funktionswert für $g(\tau)$.

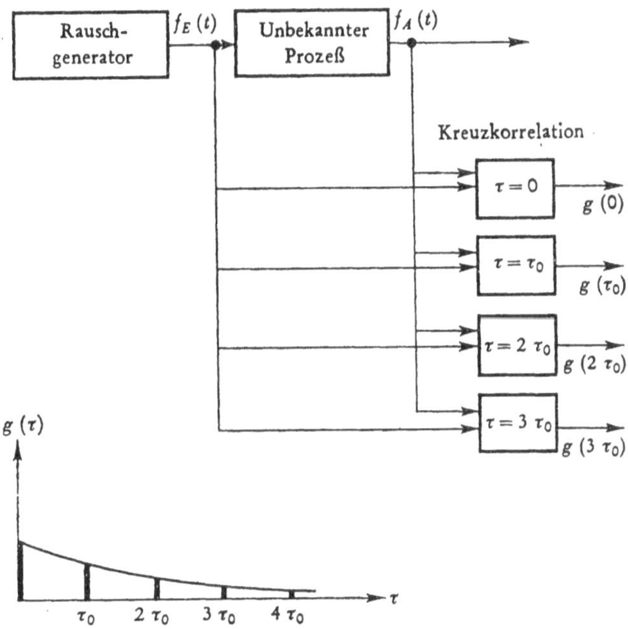

Bild 2/37
Bestimmung der Gewichtsfunktion mit Kreuzkorrelation

Durch Aufnahme verschiedener Funktionswerte $g(\tau)$ für verschiedenes τ erhält man so die gesamte Gewichtsfunktion des Prozesses. Da die Gewichtsfunktion bei stabilen Prozessen gegen 0 konvergiert, genügen einige Werte der Verschiebungszeit τ (Bild 2/37).

Es sei noch erwähnt, daß das Eingangsrauschen auch im Betrieb des Prozesses der normalen deterministischen Eingangsgröße überlagert werden kann, ohne daß sich das Verfahren ändert. Dem Kreuzkorrelator werden nämlich als Eingangsgrößen das weiße Rauschen und das Ausgangssignal des Prozesses zugeführt, wobei letzteres aus einem durch die deterministische Eingangsgröße erzeugten Anteil $f_{Ad}(t)$ und einem durch das Rauschen erzeugten Anteil $f_{Ar}(t)$ besteht. Nur mit dem Anteil $f_{Ar}(t)$ ist der zweite Eingang des Korrelators korreliert. Der Anteil $f_{Ad}(t)$ liefert keinen Beitrag:

$$\varphi_{fA(d+r),\tau} = \varphi_{fAr,\tau} + \varphi_{fAd,\tau} = \varphi_{fAr,\tau}.$$

Das beschriebene Verfahren ist vielfach untersucht und abgewandelt worden. Man hat dabei auch andere Typen von Eingangssignalen, z. B. binäres Rauschen, benutzt. Man hat ferner die Grenzen des Verfahrens genauer abgesteckt [2.10–2.11].

2.4.3 Strukturerkennung mit selbsteinstellenden Bezugsmodellen

In einer ganzen Reihe von zeitvarianten verfahrenstechnischen Prozessen ist es nicht möglich, ein aus den physikalischen, chemischen und technischen Zusammenhängen heraus abgeleitetes mathematisches Modell zu ermitteln. Sehr häufig aber kann sich die Regelungstechnik mit einem z. B. nur meßtechnisch gewonnenen Modell begnügen. Für die Auslegung der Regelung kann etwa bereits die Angabe einer Totzeit T_t und einer Verzögerungszeit T der Übergangsfunktion des zu regelnden Prozesses genügen.
Das Erkennungsproblem bei solchen Systemen kann daher ebenfalls mit Hilfe von Bezugsmodellen durchgeführt werden. Das Bezugsmodell erhält z. B. eine Struktur mit Totzeit und Verzögerungszeit und wird, wie in Abschnitt 2.2 näher ausgeführt wurde, nach einem bestimmten Kriterium stets dem zeitvarianten Prozeß angepaßt.

Literatur

[2.1] E. Mishkin, L. Braun (Hsg.): Adaptive Control Systems, McGraw Hill Book Comp., New York, 1961

[2.2] W. Weber: Adaptive Steuer- und Regelungssysteme, VDI-Bildungswerk, (1967) BW 818

[2.3] W. Weber: Ein systematisches Verfahren zum Entwurf linearer und adaptiver Regelungssysteme, Dissertation TH Karlsruhe, 1966

[2.4] J. E. Diamessis: A New Method for Determining the Parameters of Physical Systems, Proc. of the IEEE 53 (1965), S. 205—206

[2.5] J. M. Loeb, G. M. Cahen: More about Process Identification, IEEE-Trans. on Automatic Control 10 (1965), S. 359—361

[2.6] H. Rake: Automatische Prozeßidentifizierung durch ein selbsteinstellendes System, Zeitschrift f. Messen, Steuern, Regeln 9 (1966), S. 213—216

[2.7] J. Maršik: Versuche mit einem selbsteinstellenden Modell zur automatischen Kennwertermittlung von Regelstrecken, Zeitschrift f. Messen, Steuern, Regeln 9 (1966), S. 210—213

[2.8] J. Maršik: Quick-Response Adaptive Identification, IFAC-Symposium 1967 „Identification" Paper 5.5

[2.9] S. Cramer: Extremalregelung einer Zweistoff-Rektifikationskolonne, Zeitschrift f. Messen, Steuern, Regeln 9 (1966), 10, S. 335—341

[2.10] E. Bartels: Praktische Systemanalyse mit Korrelationsverfahren; Vortragsmanuskript FA 1 zur Interkama 1965, Verlag R. Oldenbourg, München, 1965

[2.11] W. Davies, J. Douce: On-line system identification in the presence of drift, IFAC-Symposium „Identification" Prag (1967), Paper 3.12

[2.12] G. Rumold, W. Speth: Selbstanpassender PI-Regler, Siemens-Zeitschrift 42 (1968), S. 765—768

[2.13] G. Turin: On the Estimation in the Presence of a Random Linear Filter, IRE Trans. on Inf. Theory 3, (1957), 1

[2.14] W. W. Lichtenberger: A Technique for Linear System Identification Using Correlating Filters, IRE-Trans. on Automatic Control (1961), 2

[2.15] J. C. Lindenlaub: Noise Limitations of System Identification Techniques, IEEE Trans. on Automatic Control 8 (1963), 1

[2.16] W. Weber: Ein systematisches Verfahren zum Entwurf linearer und adaptiver Regelungssysteme, ETZ-A (1967), S. 138—144

[2.17] W. Weber: Spezialrechner in Regelungssystemen, regelungstechnische Praxis (1968), S. 84–89

[2.18] W. Weber: Einflüsse der DDC-Technik auf den Entwurf von Regelungssystemen, regelungstechnische Praxis (1968), S. 141–146

[2.19] W. Weber: Parameteridentifikation bei bekannter Struktur, VDI/VDE-Aussprachetag über Systemidentifikation und Modellbildung, Frankfurt (1969)

[2.20] R. E. Kalman: Design of Self-optimizing Control Systems, Trans. ASME (1958), 2

[2.21] G. W. Anderson e. a.: A self-adjusting System for Optimum Dynamic Performance, IRE National Conv. Rec. 4 (1958), S. 182–190

Anhang

Lehrbücher und weiterführende Literatur über adaptive Regelungssysteme aus den Jahren 1951–1964

Das Gebiet der adaptiven Regelungssysteme ist, wie in den vorstehenden Abschnitten bereits erläutert wurde, sehr vielschichtig und vielgestaltig. An die Stelle einer geschlossenen Darstellung tritt hier eine große Fülle von Einzelarbeiten über spezielle Aspekte der adaptiven Regelungstechnik.
Zur Vertiefung des in diesem und im folgenden Bändchen gebotenen Stoffes seien daher eine Anzahl chronologisch geordneter Schrifttumsstellen über weiterführende Literatur angegeben. Diese Sammlung wird im zweiten Bändchen fortgesetzt.

Lehrbücher über adaptive Regelungssysteme

R. Bellman: Adaptive Control Processes: A Guided Tour, Verlag Princeton University Press, Princeton, N. J., 1961

Deutsche Ausgabe: Dynamische Programmierung und selbstanpassende Regelprozesse, Verlag R. Oldenbourg, München, Wien, 1967

F. P. Caruthers, H. Levenstein: Adaptive Control Systems, Verlag Pergamon Press, Oxford, 1963

V. W. Eveleigh: Adaptive Control and Optimization Techniques, Verlag McGraw-Hill Book Comp., New York, 1967

A. A. Feldbaum: Rechengeräte in automatischen Systemen, Verlag R. Oldenbourg, München, Wien, 1962

J. E. Gibson: Nonlinear Automatic Control, Verlag McGraw-Hill Book Comp., New York, 1963

P. H. Hammond: Theory of Self-Adaptive Control Systems – Proceedings of the 2nd IFAC Symposium, held Sept. 14–17, 1965 in Teddington, England, Verlag Plenum Press, New York, 1966

C. T. Leondes: Modern Control Systems Theory, Verlag McGraw-Hill Book Comp., New York, 1965

C. T. Leondes: Advances in Control Systems Theory and Applications, Vol. 1–4, Verlag Academic Press, New York, London, 1964–1966

C. W. Merriam III: Optimization Theory and the Design of Feedback Control Systems, Verlag McGraw-Hill Book Comp., New York, 1964

M. Morossanov: Relais-Extremwertregelungssysteme, VEB-Verlag Technik 1967

E. Mishkin, L. Braun: Adaptive Control Systems, Verlag McGraw-Hill Book Comp., New York, 1961

W. Oppelt: Kleines Handbuch technischer Regelvorgänge, Verlag Chemie GmbH., Weinheim/Bergstraße, 4. Auflage, 1964

A. V. Solodov: Linear Automatic Control Systems with Varying Parameters, Verlag Blackie and Son, London, Glasgow, 1966

Ja. S. Zypkin: Adaption und Lernen in automatischen Systemen, Verlag R. Oldenbourg, München, Wien, 1966

Eine Auswahl von Aufsätzen und Forschungsberichten über adaptive Regelungssysteme aus den Jahren 1951–1964

Jahrgang 1951

C. S. Draper, Y. T. Lee: Principles of optimizing control systems and an application to the internal combustion engine, American Society of Mechanical Engineers, New York, 1951

Jahrgang 1952

Y. T. Lee: Optimalizing system for process control, Instruments, Vol. 25 (1952), S. 72–77, 190–193, 228, 324–327, 350–352

Jahrgang 1955

A. H. Benner, R. F. Drenick: An adaptive servo system, IRE-Convention Record 4 1955, S. 8–14

G. L. Rabkin, B. A. Mitrofanov, J. O. Schterenberg: Über die Bestimmung von Zahlenwerten für die Koeffizienten der Übertragungsfunktionen linearisierter Glieder und Systeme aus experimentellen Frequenzcharakteristika, Avtomatika i Telemekhanika, Vol. 16 1955, S. 488–494 (russ.)

I. B. Reswick: Determine system dynamics – without upset –, Control Engineering 2 1955

Jahrgang 1956

C. M. Chang, T. P. Goodman, I. B. Reswick: Use of correlating functions to determine system characteristics without applying artifical disturbance, Tagungsbericht Regelungstechnik, Moderne Theorien und ihre Verwendbarkeit, Heidelberg 1956, S. 251–256, Verlag R. Oldenbourg, München, Wien 1957

T. P. Goodman, I. B. Reswick: Determination of system characteristics from normal operating records, ASME-Trans. 78 1956

L. A. Zadeh: On the identification problem, IRE-Trans. on Circuit Theory 3 1956, S. 277 bis 281

Jahrgang 1957

A. M. Batkov, V. V. Solodovnikov: Method for determining the optimum characteristics of a certain class of self-adaptive control system. Automation and Remote Control 14, 1957, S. 411–428

R. F. Drenick, R. A. Shabender: Adaptive servomechanismus, AIEE Trans. 1957

I. S. Morosanov: Methods of extremum control, Automation and Remote Control 18, 1957, S. 1077–1092

I. U. Ostrovskii: Extremum regulation, Automation and Remote Control 18, 1957, S. 900 bis 907

M. P. Simoju: Bestimmung der Koeffizienten von Übertragungsfunktionen linearisierter Glieder und Systeme der Regelungstechnik, Avtomatika i Telemekhanika 18, 1957, S. 514–528 (russ.)

V. V. Solodovnikov: Entwurfsprinzipien und theoretische Probleme bei selbsteinstellenden Regelungssystemen, Reports to the Session of the Academy of Sciences USSR on Scientific Problems of Production Automation, Academy of Sciences USSR Press 1957 (russ.)

Jahrgang 1958

G. W. Anderson: A self-adjusting system for optimum dynamic performance, IRE National convention record 4, 1958, S. 182–190

J. A. Aseltine, A. R. Mancini, C. W. Sature: A survey of adaptive control systems, IRE-Trans. on Automatic Control 3 1958, S. 102–108

J. A. Aseltine, A. R. Mancini, C. W. Sarture: Impulse Response self-optimalization as compared with other criteria for adaptive systems, ASME Instruments and Regulators, Conf. New York, April 1958, IRE-Paper PGAC-101 1958

R. M. Corbin, E. Mishkin: On the measurement problem in adaptive systems utilizing analog computer techniques, Research Rept. R. 699–58 PIB 627, Microwave Research Institute Polytechnic Institute of Brooklyn 1958

A. A. Feldbaum: Automatic optimalizer, Automation and Remote Control 19, 1958, S. 718 to 728

H. L. Groginsky: On the design of adaptive systems, IRE National convention record 4, 1958, S. 160–167

R. Kalman: Design of a self-optimizing control system, ASME-Trans. 80, 1958, S. 468–478

A. A. Kardaschow, L. W. Karnjuschin: Bestimmung der Systemparameter aus experimentellen gegebenen Frequenzcharakteristika, Avtomatika i Telemekhanika 19, 1958, S. 334–345 (russ.)

I. I. Perel'man: Regelung mit einem selbsteinstellenden Programm, Avtomatika i Telemekhanika 19, 1958 (russ.)

F. Ch. Taylor: Problems of nonlinearity in adaptive or self-optimizing systems, IRE-Trans. on Automatic Control 3, 1958, S. 66–70

H. P. Whitaker, J. Yamron, A. Kezer: Design of model-reference adaptive control systems for aircraft, Report No. R-164 Massachusetts Institute of Technologiy, Cambridge, Mass. 1958

Jahrgang 1959

G. W. Anderson, R. N. Buland: Use of cross-correlation in an adaptive system, Proc. on the National Electronics Conference NEC 1959 Vol. 15, S. 34–45

R. Bellman, R. Kalaba: On adaptive control processes, IRE-Trans. on Automatic Control 4, 1959, S. 1–9

R. Bellman, R. Kalaba: A mathematical theory of adaptive control processes, Proc. Nat. Acad. Sciences USA, Vol. 45 1959, S. 1288–1290

L. Braun: On adaptive control systems, IRE-Trans. on Automatic Control 4, 1959, S. 30 bis 38

S. A. Doganovskii: Automatische Anpassung der Reglerparameter unter Ausnutzung von Störungen, Avtomatika i Telemekhanika 20, 1959 (russ.)

M. Freimer: A dynamic programming approach to adaptive control processes, IRE-Trans. on Automatic Control 4, 1959, S. 10–15

J. E. Gibson, E. S. McVey: Multidimensional adaptive control, Proceedings of the National Electronics Conference NEC 1959, Vol. 15, S. 17–26

M. Margolis, C. T. Leondes: On the philosophy of adaptive control for plant adaptive systems, Proceedings of the National Electronic Conference NEC 1959, Vol. 15 1959, S. 27–33

M. Margolis: A parameter tracking servo to adaptive control systems, IRE-Trans. on Automatic Control 4, 1959, S. 100–111

M. F. Marx: Recent adaptive control work at the General Electric Company, Proc. Self. adaptive Flight Control System Symposion, Wright Air Development Center, Tech. Rept. No. 59–49, Astia No. AD-209 389, March 1959

F. McCausland: Adaption in feedback control systems, Journal of the Franklin Institute 268, 1959, 3

E. Mishkin, R. E. Haddad: Identification and command problems in adaptive systems, IRE-Trans. on Automatic Control 4, 1959

S. S. Osder: Sperry adaptive flight control system, Proc. Self-adaptive Flight Control System Symposion, Wright Air Development Center 1959

A. P. Roberts: Self-optimizing control system for a certain class of random varying inputs, Trans. S.I.T., Vol. 11, 1959, Nr. 3

L. I. Rozonoér: L. S. Pontryagins Maximumprinzip in Anwendung auf adaptive Systeme, Avtomatika i Telemekhanika 20, 1959, 11, S. 1441–1458 (russ.)

R. Staffin: Executive-controlled adaptive systems, AIEE-Trans., Appl. Ind. 1959, S. 523 to 530

P. R. Stromer: Adaptive or self-optimizing control systems – a bibliography, IRE-Trans. on Automatic Control 4, 1959, S. 65–68

H. P. Whitaker: An adaptive system for control of the dynamic performance of aircraft and spacecraft, IAS-Paper Nr. 59–100, 1959

Jahrgang 1960

R. Bellman, R. Kalaba: Dynamic Programming and adaptive processes, IRE-Trans. on Automatic Control 5, 1960, 1

S. S. L. Chang: Optimization of the adaptive function by z-transform method, AIEE-Trans. 79, 1960, 2

G. R. Cooper, J. E. Gibson, J. Lindenlaub, J. Meditch, R. Raible, V. Eveleigh: A survey of the philosophy and state of the art of adaptive systems, TR–EE 60 – 1 USAF, WADD-Purdue University, July 1960

S. A. Doganowskii: Optimierung des Verhaltens einer Klasse von Systemen mit Hilfe statistischer Qualitätskriterien, Avtomatika i Telemekhanika 21, 1960, 8 (russ.)

P. Eykhoff: Adaptive and optimalizing control systems, IRE-Trans. on Automatic Control 5, 1960, 2, S. 148–151

L. W. Karnjuschin, A. C. Paljuch: Bestimmung der Parameter linearer Glieder und Systeme der Regelungstechnik durch Approximation gemessener Zeitfunktionen, Automatika (Kiew) 5, 1950, 3, S. 7–16, (russ.)

A. A. Krasovskii: Dynamik von kontinuierlichen selbstoptimierenden Systemen, 1. Kongreß IFAC, 1960, Verlag R. Oldenbourg, München, 1961 (engl.)

J. P. Leonow, L. N. Lipatow: Statistische Methoden zur Bestimmung der dynamischen Kennwerte von industriellen Regelstrecken bei Rauschprozessen und Analyse extrem niederfrequenter Zufallsprozesse, Avtomatika i Telemekhanika 21, 1960, 2, S. 180–190, (russ.)

A. Y. Lerner: The use of self-adjusting automatic control systems, (1960), 1. Kongreß IFAC, Verlag R. Oldenbourg, München 1961

W. W. Lichtenberg: Identification of linear processes by means of correlating filters. Coordinated Science Laboraty University of Illinois, Urbana, Rep. No. R-122 1960

C. W. Merriam: Use of mathematical error criterion in the design of adaptive control systems, Trans. AIEE, Appl. and Ind. 1960

J. M. Milsun: Adaptive control of processes, 1. Kongreß IFAC (1960), Verlag R. Oldenbourg, München, 1961

N. W. Rees: Self-adaptive control systems, British Chemical Engineering 5, 1960, S. 106

G. Smith: Synthesis of a self-adaptive autopilot for a large elastic booster, IRE-International Convention Record 4, 1960, S. 21–24

Jahrgang 1961

R. C. Amara: Theorie diskreter und adaptiver Systeme, Verlag der Akademie der Wissenschaften der UdSSR, 1961 (russ.)

S. C. Bigelow, H. Ruge: An adaptive system using periodic estimation of pulse transfer functions, IRE-International Convention Record 4, 1961

S. A. Dofanovskii: Optimization of automatic systems by statistical criteria, Automation and Remote Control 22, 1961, 7, S. 739–749

J. L. Douce, R. E. King: A self-optimizing non-linear control system, Proceedings of the Institute of Electrical Engineers 108, 1961, 40

N. V. Grishko: An automatic pneumatic optimizer, Automation and Remote Control 22, 1961, 5, S. 565–573

R. A. Johnson, J. D. Hill: A new DC level control for adaptive systems, Electronic Engineering (GB) 33, 1961, 4, S. 242–244

P. Joseph, J. Lewis, J. Tou: Plant identification in the presence of disturbances and application to digital adaptive systems, Amer. Inst. Electr. Engineers II 80, 1961, S. 18–24

R. E. Kopp: On bang-bang adaptive control systems, IRE-International Convention Record 4, 1961

W. W. Lichtenberg: A technique of linear system identification using correlating filters, IRE-Trans. on Automatic Control 1961, 2

J. C. Lindenlaub: Limits on the identification time for linear systems, Ph. D. dissertation Purdue University, Lafayette, Ind. 1961

R. J. McGrath, V. Rajaraman, V. C. Rideout: A parameter perturbation adaptive control system, IRE-Trans. on Automatic Control 6, 1961, S. 154–162

R. J. McGrath, V. C. Rideout: A simulator study of a two-parameter adaptive system, IRE-Trans. on Automatic Control 6, 1961, S. 35–42

Yu. I. Neimark: Certain numerical methods for determining periodical motions of automatic control systems, Automation and Remote Control 22, 1961, 1, S. 40–48

P. V. Osburn, H. P. Whitaker, A. Kezer: New developments in the design of model reference adaptive control systems, Paper No. 61–39 – Inst. of Aerospace Sciences, 29th Annual Meeting New York, 1961

A. P. Roberts: Self-optimizing control systems Control 4, 1961, 34, S. 84–89

B. Senf, H. Strobel: Verfahren zur Bestimmung von Übertragungsfunktionen linearer Systeme aus gemessenen Werten des Frequenzganges, Zeitschrift f. Messen, Steuern, Regeln 4, 1961, 10, S. 411–420

C. N. Waygandt, N. N. Ruri: Transfer-function tracking and adaptive control systems, IRE-Trans. on Automatic Control 6, 1961, 2

J. H. Westcott: Adaptive control, Control 4, 1961, S. 99–102

J. H. Westcott: Adaptive control, Control 4, 1961, S. 92–93

H. P. Whitaker, A. Kezer: Use of model reference adaptive systems to improve reliability guidance, Control and Navigation Conference American Rocket Society, Paper 1936–61 1961

H. P. Whitaker: Modell reference adaptive control systems for large flexible booster., Mass. Inst. Techn. Cambridge Instrumentation, Rep. No. E. 1036, 1960

Jahrgang 1962

Anderson, Buland, Cooper: Aeronautic self-optimizing automatic control system, ARC Reprint 21, 1962, S. 213ff.

D. Bär: Ein praktisches Verfahren zur Bestimmung der dynamischen Kennwerte von linearen Regelstrecken mit Ausgleich mit Hilfe der Korrelationsanalyse, Zeitschrift f. Messen, Steuern, Regeln 5, 1962, 6, S. 251–256

J. J. Bongiorno: Stability and convergence properties of model-reference adaptive control system, IRE-Trans. on Automatic Control 7, 1962, 3, S. 30–41

P. Dorato: Plant adaptive optimal control systems, IRE-Trans. on Automatic Control 7, 1962, 4, S. 46–47

R. C. Dorf, M. C. Farren, C. A. Phillips: Adaptive sampling frequency for sampled data control systems, IRE-Trans. on Automatic Control 7, 1962, 1, S. 38–47

H. Eisele: Bestimmung des veränderlichen Beiwertes von Regelkreisgliedern, Zeitschrift Messen, Steuern, Regeln 5, 1962, 7, S. 323–326

H. M. Estes: Adaptive system identification by state variable operations, Proc. of National Electronic Conf. NEC 18, 1962, S. 19–27

P. E. Fleisher: Optimum design of passive-adaptive linear feedback systems with varying plants, IRE-Trans. on Automatic Control 7, 1962, 2

J. J. Florentin: Optimal probing, adaptive control of a simple Bayesiona system, Journ. Electr. Control 13, 1962, 2, S. 165–177

J. E. Gibson: Adaptive learning systems, Proc. of National Electronics Conference NEC 18, 1962, S. 795–799

I. M. Horowitz: Plant adaptive systems versus ordinary feedback systems, IRE-Trans. on Automatic Control 7, 1962, S. 48–56

J. C. Hsu, W. E. Meserve: Decision-making in adaptive control systems, IRE-Trans. on Automatic Control 7, 1962, 1, S. 24–32

E. A. Huber: A technique for adaptive control of highorder systems, IRE-Trans. on Automatic Control 7, 1962, 3, S. 22–29

R. E. Kalman: Variational principle of adaption, IFAC Symposium Adaptive Control, Rom, 1962

A. Katayama: Adaptive control systems design using root-locus, IRE-Trans. on Automatic Control 7, 1962, 1, S. 81–83

R. B. Lackey: An adaptive control system with sinussoidal parameter perturbation, Trans. Amer. Inst. Electrical Engineers AIEE II 81, 1962, S. 157–159

G. G. Lendaris: The identification of linear systems, Trans. AIEE 81, Appl. and Ind. 1962, S. 231–240

J. H. Lindahl, W. M. McGuire: Adaptive control flies the X-15, Control Engineering (USA) 9, 1962, 10, S. 93–96

L. D. Mellen: Application of adaptive flight control, Proc. IFAC-Symposium Adaptive Control, Rom, 1962

F. Mesch: Selbsteinstellender Regler mit selbsteinstellendem Bezugsmodell, Zeitschrift f. Messen, Steuern, Regeln 5, 1962, S. 320ff.

M. L. Moe, G. J. Murphy: An approach to self-adaptive control based on the use of time moments an a model reference, IRE-Trans. on Automatic Control 7, 1962, 5, S. 82–92

J. H. Noland: Stability analysis of a rapidly adaptive control system, AIEE-Trans. 1962, S. 197–202

I. I. Perel'man: Selbsteinstellendes Programm als Mittel zur Realisierung vorgegebener Übergangsvorgänge bei linearen Regelsystemen, Avtomatika i Telemekhanika, 23, 1962, 3, S. 312–320, (russ.)

V. Rajaraman: Theory of a two-parameter adaptive control system, IRE-Trans. on Automatic Control 1962, 4, S. 20–26

K. Reinisch: Verwendung eines Modellregelkreises zur Gewinnung einfacher Bemessungsregeln für lineare Regelkreise und zur Ermittlung der Kennwerte von Regelstrecken, Zeitschrift f. Messen, Steuern, Regeln 5, 1962, 6, S. 245–251

R. S. Rutman: Adaptive Systeme mit Anpassung von dynamischen Charakteristiken, Avtomatika i Telemekhanika 23, 1962, 5, S. 661–684, (russ.)

R. Schäbitz: Über Verfahren zur automatischen Optimierung von Regelkreisen, Zeitschrift f. Messen, Steuern, Regeln 5, 1962, 7, S. 311–317

G. Schmidt: Selbsteinstellender Regler mit Bezugsmodell, Regelungstechnik 10, 1962, S. 145–151

K. C. Smith: Adaptive control throughs sinusoidal response, IRE-Trans. on Automatic Control 7, 1962, 2, S. 129–139

E. B. Stear, P. C. Gregory: Capabilities and limitations of some adaptive techniques, Proc. IFAC-Symposium Adaptive Control, Rom 1962

W. Weller: Die Verfahren zur Bestimmung der regelungstechnischen Kennwerte aus der gemessenen Übertragungsfunktion, Zeitschrift f. Messen, Steuern, Regeln 5, 1962, 8, S. 355–368

H. P. Whitaker: Design capabilities of model reference adaptive systems, Proc. of National Electronics Conf. NEC 18, 1962, S. 241–249

Jahrgang 1963

A. A. Belen'kii, A. A. Chelyustkin: Dynamik von optimalen kontinuierlichen Systemen, Automatika i Telemekhanika 24, 1963, 6, S. 785–798, (russ.)

V. I. Bozhokov, V. I. Kukhtenko: Eine Methode zum Entwurf adaptiver Regelungssysteme zur Stabilisierung von Frequenzcharakteristiken, Avtomatika i Telemekhanika 24, 1963, 7, S. 950–961

R. G. Buscher: Self-adaptive versus conventional flight control, Control Engineering (USA), 10, 1963, 1, S. 102–103

H. Dittmann: Einige Erweiterungen zur Kennwertermittlung aus der Übergangsfunktion, Zeitschrift f. Messen, Steuern, Regeln 5, 1963, 4, S. 139–141

E. E.Dudnikow: Über eine Methode zur Bestimmung der Koeffizienten von Übertragungsfunktionen linearer Systeme aus dem gemessenen Frequenzgang, Zeitschrift f. Messen, Steuern, Regeln 6, 1963, 11, S. 453–456

J. L. Douce: The behavior of adpative controllers, Proceedings of IFAC-Symposium Basel, 1963

J. Eß: Ein Selbsteinstellkreis für Zweipunkt-Regelung, Regelungstechnik 11, 1963, S. 388 bis 393

V. W. Eveleigh: Adaptive control systems (a survey), Electro-Technology (USA) 71, 1963, 4, S. 79–98

Y. C. Ho, Whalen: An approach to identification and control of linear dynamic systems with unknown parameter, IEEE-Trans. PTGAC, 8, 1963, S. 255–256

T. Isobe, T. Totani: Analysis and design of a parameter perturbation adaptive system for application to process control, Automatic and Remote Control, Proc. IFAC-Kongreß, Basel, (1963), Verlag R. Oldenbourg München, 1964

I. E. Kazakov, L. G. Evlanov: Zur Theorie adaptiver Systeme mit Gradientensuche, Avtomatika i Telemekhanika 24, 1963, 3, (russ.)

R. J. Kochenburger: Self-adaptive method for accomodating large variations of plant gain control system, Automatic and Remote Control, Proc. IFAC-Kongreß, Basel, (1963) Verlag R. Oldenbourg, München, 1964

E. Kollmann: Adaptive Regelungssysteme mit Sinussignalen, VDI-Forschungsheft Nr. 499, Beilage zu „Forschung auf dem Gebiet des Ingenieurwesens", Ausgabe B, Bd. 29, 1963

G. E. Kolosov, R. L. Stratonovich: Ein Problem bei der Synthese von optimalen Regelungssystemen unter Anwendung der Methode der dynamischen Programmierung, Avtomatika i Telemekhanika 24, 1963, 9, S. 1165–1173, (russ.)

V. M. Kuntsevich: Untersuchung einer Klasse adaptiver Systeme mit hoher Einstellgeschwindigkeit, Avtomatika i Telemekhanika 24, 1963, 12, S. 1672–1684, (russ.)

Y. T. Lee, P. Whitaker: Some research work in self-adaptive systems, in MIT Aeronautical and Astronautical Engineers, Dep. Proc. IFAC-Symposium on Optimizing and Adaptive Control ISA Pittsburgh, 1963

J. C. Lindenlaub, G. R. Cooper: Noise limitations of system identification techniques, IRE-Trans. on Automatic Control 8, 1963, 1, S. 43–48

F. Mesch: Zweipunktregler mit Selbsteinstellung, Regelungstechnik 11, 1963, S. 241–247

R. W. Miller, R. Roy, P. M. DeRusso: An adaptive-predictive model for nonlinear processes with two level inputs, Automatic Control Conference, Minneapolis, 1963

P. Mosner: A perturbation approach to an adaptive sampled data control system, IEEE-Trans. on Automatic Control 8, 1963, 2, S. 171–172

A. R. M. Nonton: The case for adaptive autostabilization of aircraft, Control 6, 1963, 59, S. 89–92

R. Oldenburger, L. J. Schrock: Vermeiden des Ansprechens einer adaptiven Regelung auf ein Prüfsignal, IEEE-Trans. Appl. and Ind. 82, 1963, S. 2–8

A. E. Pearson: Adaptive optimal control of nonlinear processes, 4th Joint Automatic Control Conf., New York, American Inst. of Chemical Engineers 1963, S. 80–90

C. Pottle: The digital adaptive control of a linear process modulated by random noise, IRE-Trans. on Automatic Control, 8, 1963, S. 228–234

R. H. Raible: Comments on an approach to self-adaptive control based on the use of time moment and a model reference, IEEE-Trans. on Automatic Control 8, 1963, 3, S. 270

I. Rissanen: On the theory of self-adjusting models, Automatica 1, 1963, 4

P. Russ: Adaptive Flugregelung, III Europäischer Raumfahrt-Kongreß, Honeywell GmbH., Geschäftsbereich Aeronautik, Dörnigheim/M

W. Seide: Kennwertermittlung aus der Gewichtsfunktion, Zeitschrift f. Messen, Steuern, Regeln 6, 1963, 8, S. 323–325

R. K. Smyth, N. E. Nahi: Phase and amplitude sinusoidal dither adaptive control system, IRE-Trans. on Automatic Control 8, 1963, 4, S. 311–321

R. K. Smyth, N. E. Nahi: On the stability and design of dither adaptive systems, IFAC-Kongreß, Basel, (1963), Verlag R. Oldenbourg, München, 1964

D. R. Towill: Basic types of self-adaptive control systems, The Engineer, 1963, S. 1066 bis 1068

J. G. Truxal: Adaptive Control, IFAC-Kongreß, Basel (1963), Verlag R. Oldenbourg, München, 1964

W. K. Waymeyer, R. W. Sporing: Cloosed-loop adaption applied to missile control, IEEE-Trans. on Automatic Control 8, 1963, 2, S. 157—160

Jahrgang 1964

H. Bürskens: Selbsteinstellende Regelkreise, VDI-Lehrgangshandbuch: „Regelung in der Antriebstechnik", VDI-Bildungswerk, Düsseldorf, 1964

D. B. Cooper, P. W. Cooper: Adaptive pattern recognition and signal detection without supervision, IEEE International Convention Record 12, 1964, 1, S. 246—256

J. L. Douce: The response of multichannel adaptive systems, IEEE Trans. Appl. and Ind. 75, 1964, S. 433—439

M. J. Duckenfield: Self-optimizing control systems, Control 8, 1964, 78, S. 514—520

Jr. Haas: Large signal adaption for multiple input plants, IEEE-Trans. on Automatic Control 1964, 1, S. 39—45

M. H. Hamza: Adaptive sampling as a means of compensating control systems, Scientia Electrica, (Schweiz) 10, 1964, 2, S. 56—64

J. D. Hill, G. J. McMurtry: An application of digital computers to linear system identification, IEEE-Trans. on Automatic Control 9, 1964, 4, S. 536—538

I. M. Horowitz: Comparison of linear feedback systems with self-oscillating adaptive systems, IEEE-Trans. on Automatic Control 9, 1964, S. 386—392

O. L. R. Jacobs: Two uses of the term "adaptive" in automatic control, IEEE-Trans. on Automatic Control 1964, 4, S. 574—575

H. Kaufman, P. M. DeRusso: An adaptive predictive control system for random signals, IEEE-Trans. on Automatic Control 1964, S. 540—544

M. D. Khadkikar: A method of reducing identification time in adaptive control systems, IFAC-Symposium on Sensitivity Analysis, Dubrovnik (Yugoslavia), 1964

H. Kindler: Probleme der Kennwertermittlung in der Regelungstechnik, Zeitschrift f. Messen, Steuern, Regeln 7, 1964, 5, S. 181—187

N. N. Korobov: Signaladaptive Abtastsysteme, Avtomatika i Telemekhanika 25, 1964, 8, S. 1182—1190, (russ.)

I. N. Krutova, V. I. Rutkovski: Dynamik von modelladaptiven Systemen 1. Ordnung Avtomatika i Telemekhanika 25, 1964, 2, S. 188—194, (russ.)

I. N. Krutova, V. I. Rutkovski: Untersuchung der Dynamik von modelladaptiven Systemen für eine Anlage mit Nichtlinearitäten und zeitvarianten Parametern, Avtomatika i Telemekhanika 25, 1964, 6, S. 887—895, (russ.)

K. N. Leibovic: The principles of contraction mapping in nonlinear and adaptive control systems, IEEE-Trans. on Automatic Control 9, 1964, 4, S. 393—398

R. W. Miller, R. Roy: Nonlinear process identification using decision theory, IEEE-Trans. on Automatic Control 9, 1964, S. 538—540

G. H. Myers: Bias effects in nonlinear adaptive servomechanisms, IEEE-Trans. on Automatic Control 9, 1964, S. 545—548

A. E. Pearson: On adaptive optimal control of nonlinear processes, Trans. ASME (USA) 86, 1964, 1, S. 151–159

H. J. Perlis: The utilization of external correlated signals to reduce the self-adaptive cost function, IEEE-Trans. on Automatic Control 9, 1964, 1, S. 116

Rosenbock: An example of optimal adaptive control, J. Electronics Control (GB) 16, 1964, 5, S. 558–567

R. Roy, R. W. Miller, P. M. de Russo: An adaptive-predictive model for nonlinear processes with two-level inputs, IEEE-Trans. Appl. and. Ind. 83, 1964, S. 173–178

G. Schweizer: Ermittlung des dynamischen Verhaltens von Regelstrecken mit variablen Koeffizienten mit Hilfe von statistischen Methoden, Zeitschrift f. Messen, Steuern, Regeln 7, 1964, 6, S. 223–228

Steiglitz: Power spectrum identification for adaptive systems, IEEE-Trans. Appl. and Ind. 83, 1964, S. 195–197

R. M. Yusupov: Calculation of delay inself-adjusting control systems, Engineering Cybernetics (USA) 37, 1964, 4, S. 126–129

Sachwortverzeichnis

FSC
www.fsc.org
MIX
Papier | Fördert
gute Waldnutzung
FSC® C083411

Zeitfracht Medien GmbH
Ferdinand-Jühlke-Straße 7
99095 Erfurt, Deutschland
produktsicherheit@kolibri360.de